广东省"粤菜师傅"工程培训教材

广东省职业技术教研室　组织编写

潮式风味点心制作工艺

SPM 南方出版传媒

广东科技出版社 | 全国优秀出版社

·广　州·

图书在版编目（CIP）数据

潮式风味点心制作工艺 / 广东省职业技术教研室组编. —广州：广东科技出版社，2019.8

广东省"粤菜师傅"工程培训教材

ISBN 978-7-5359-7153-1

Ⅰ.①潮…　Ⅱ.①广…　Ⅲ.①糕点—制作—潮州—技术培训—教材

Ⅳ.①TS213.23

中国版本图书馆CIP数据核字（2019）第138908号

潮式风味点心制作工艺
Chaoshi Fengwei Dianxin Zhizuo Gongyi

出 版 人：朱文清

责任编辑：罗孝政

封面设计：柳国雄

责任校对：李云柯

责任印制：彭海波

出版发行：广东科技出版社

　　　　　（广州市环市东路水荫路 11 号　邮政编码：510075）

http://www.gdstp.com.cn

E-mail：gdkjyxb@gdstp.com.cn（营销）

E-mail：gdkjzbb@gdstp.com.cn（编务室）

经　　销：广东新华发行集团股份有限公司

排　　版：创溢文化

印　　刷：广州市岭美文化科技有限公司

　　　　　（广州市荔湾区花地大道南海南工商贸易区 A 幢　邮政编码：510385）

规　　格：787mm×1 092mm　1/16　印张 9　字数 180 千

版　　次：2019 年 8 月第 1 版

　　　　　2019 年 8 月第 1 次印刷

定　　价：36.00 元

广东省"粤菜师傅"工程培训教材

──────── 指导委员会 ────────

主　　任：陈奕威

副 主 任：杨红山

委　　员：高良锋　邱　璟　刘正让　黄　明

　　　　　李宝新　张广立　陈俊传　陈苏武

──────── 专家委员会 ────────

组　　长：黎永泰　钟洁玲

成　　员：何世晃　肖文清　陈钢文　黄明超

　　　　　徐丽卿　黄嘉东　冯　秋　潘英俊

　　　　　谭小敏　方　斌　黄　志　刘海光

　　　　　郭敏雄　张海锋

──《潮式风味点心制作工艺》编写委员会 ──

主　　编：黄　志　肖文清

副 主 编：张　梅　郭丽文　姚雪芬

参编人员：陈少俊　黄武营　何科茂　李晓君

　　　　　张金铭　林敏淳　邹添顺　沈少平

　　　　　肖伟贤

FOREWORD

前言

　　粤菜，一个可以追溯至距今两千多年的菜系，以其深厚的文化底蕴、鲜明的风味特色享誉海内外。它是岭南文化的重要组成部分，是彰显广东影响力的一块金字招牌。

　　利民之事，丝发必兴。2018年4月，中共中央政治局委员、广东省委书记李希倡导实施"粤菜师傅"工程。一年来，全省各地各部门将实施"粤菜师傅"工程作为贯彻落实习近平总书记新时代中国特色社会主义思想和党的十九大精神的具体行动，作为深入实施乡村振兴战略的关键举措，作为打赢精准脱贫攻坚战的重要抓手，系统研究部署，深入组织推进，广泛宣传发动，开展技能培训，举办技能大赛，掀起了实施"粤菜师傅"工程的行动热潮，走出了一条促进城乡劳动者技能就业、技能致富，推动农民全面发展、农村全面进步、农业全面升级的新路子。2018年12月，李希书记对"粤菜师傅"工程做出了"工作有进展，扎实推进，久久为功"的批示，在充分肯定实施工作的同时，也提出了殷切的期望。

　　人才是第一资源。培养一批具有工匠精神、技能精湛的粤菜师傅，是推动"粤菜师傅"工程向纵深发展的关键所在。广东省人力资源和社会保障厅结合广府菜、潮州菜、客家菜这三大菜系的特色，组织中式烹饪行业、企业和专家，广泛参与标准研发制定，加快建立"粤菜师傅"

职业资格评价、职业技能等级认定、省级专项职业能力考核、地方系列菜品烹饪专项能力考核等多层次评价体系。在此基础上，组织技工院校、广东餐饮行业协会、企业和一大批粤菜名师名厨，按照《广东省"粤菜师傅"烹饪技能标准开发及评价认定框架指引》和粤菜传统文化，编写了《粤菜师傅通用能力读本》《广府风味菜烹饪工艺》《广式点心制作工艺》《广东烧腊制作工艺》《潮式风味菜烹饪工艺》《潮式风味点心制作工艺》《潮式卤味制作工艺》《客家风味菜烹饪工艺》《客家风味点心制作工艺》9本教材，为大规模培养粤菜师傅奠定了坚实基础。

行百里者半九十。"粤菜师傅"工程开了个好头，关键在于持之以恒，久久为功。广东省人力资源和社会保障厅将以更积极的态度、更有力的举措、更扎实的作风，大规模开展"粤菜师傅"职业技能培训，不断壮大粤菜烹饪技能人才队伍，为广东破解城乡二元结构问题、提高发展的平衡性、协调性做出新的更大贡献。

广东省人力资源和社会保障厅

2019年8月

COMPILATION
编写说明

　　《广东省"粤菜师傅"工程实施方案》明确提出为推动广东省乡村振兴战略,将大规模开展"粤菜师傅"职业技能教育培训。力争到2022年,全省开展"粤菜师傅"培训5万人次以上,直接带动30万人实现就业创业。培养粤菜师傅,教材要先行。

　　在广东省"粤菜师傅"工程培训教材的组织开发过程中,广东省职业技术教研室始终坚持广东省人力资源和社会保障厅关于"教材要适应职业培训和学制教育,要促进粤菜烹饪技能人才培养能力和质量提升,要为打造'粤菜师傅'文化品牌,提升岭南饮食文化在海内外的影响力贡献文化力量"的要求,力争打造一套富有工匠精神,既适合职业院校专业教学又适合职业技能培训和岭南饮食文化传播的综合性教材。

　　其中,《粤菜师傅通用能力读本》图文并茂,可读性强,主要针对"粤菜师傅"的工匠精神,职业素养,粤菜、粤点文化,烹饪基本技能,食品安全卫生等理论知识的学习。《广府风味菜烹饪工艺》《广式点心制作工艺》《广东烧腊制作工艺》《潮式风味菜烹饪工艺》《潮式风味点心制作工艺》《潮式卤味制作工艺》《客家风味菜烹饪工艺》《客家风味点心制作工艺》8本教材,通俗易懂、实用性强,侧重于粤菜风味菜的烹饪工艺和风味点心制作工艺的实操技能学习。

　　整套教材按照炒、焖、炸、煎、扒、蒸、焗等7种粤菜传统烹饪技法和蒸、煎、炸、水煮、烤、炖、煲等7种粤点传统加温方法，收集了广东地方风味粤菜菜品近600种和粤点点心品种约400种，其中包括深入乡村挖掘的部分已经失传的粤式菜品和点心。同时，整套教材还针对每个菜品设计了"名菜（点）故事""烹调方法""原材料""工艺流程""技术关键""风味特色""知识拓展"7个学习模块，保障了"粤菜师傅"对粤菜（点）理论和实操技能的学习及粤菜文化的传承。另外，为促进粤菜产业发展，加速构建以粤菜美食为引擎的产业经济生态链，促进"粤菜+粤材""粤菜+旅游"等产业模式的形成，整套教材还特别添加了60个"旅游风味套餐"，涵盖广府菜、潮州菜、客家菜三大菜系。这些套餐均由粤菜名师名厨领衔设计，根据不同地域（区），细分为"点心""热菜""汤"等9种有故事、有文化底蕴的地方菜品。

国以民为本，民以食为天。我们借助岭南源远流长的饮食文化，培养具有工匠精神、勇于创新的粤菜师傅，必将推进粤菜产业发展，助力"粤菜师傅"工程，助推广东乡村振兴战略，对社会对未来产生深远影响。

广东省职业技术教研室

2019年8月

CONTENTS

目录

一、潮式风味点心 "粤菜师傅" 学习要求

潮式风味点心（潮汕小吃）历史悠久，是潮汕饮食文化的一个重要组成部分。许多点心不仅为本地人所喜爱，在外地也是脍炙人口。潮式风味点心扎根于民间，它不依附于官文化、士大夫文化，从诞生之日起就以自然天成的姿态，顺应物竞天择的自然规律，流传于民间，故此，我们能品尝到这么多富有乡土气息的风味点心。潮式风味点心是无米不成粿，以素为主而少见鱼肉，其选材简单，大都取材于随处可见的普通农作物。潮式风味点心崇尚自然，注重养生，人们在享用美食的同时，不必为摄入过多的脂肪、热量等担心。其烹饪方法也非常科学，多清淡而少辛辣，多蒸煮而少煎炸。潮汕人还发明了一种"油煮"的方法，这是我们见过的烹饪方法中最为特别的一种。

潮式风味点心代表品种有：寿桃包、甜粿、红桃粿、潮汕蚝烙、潮汕春饼、贵屿朥饼、龙湖炖糕、达濠油麻糕、惠来绿豆饼、普宁卷煎、鸭母捻、潮州宵米、汕尾小米、牛肉炒粿条、潮汕砂锅粥等。

潮州春卷

（一）学习目标

通过对潮式风味点心"粤菜师傅"的学习，粤菜师傅实现知识和技能的双线提升，既具有娴熟的潮式风味点心操作技术，也掌握系统的潮式风味点心理论知识。学习目标主要包括知识目标和技能目标两方面，具体内容如下：

1. 知识目标

（1）理解潮式风味点心的含义。

（2）掌握潮式风味点心各种工具及设备的使用方法。

（3）熟悉潮式风味点心的各种原料、辅料及其作用。

（4）熟悉潮式风味点心馅料的种类及制作。

（5）了解潮式风味点心各地方的特色品种。

（6）掌握点心的加温方法，了解成本核算的基本方法。

2.技能目标

（1）能制作常用潮式风味点心的馅料。

（2）能对潮式风味点心各品种进行加工成型。

（3）能够运用适当的加温方法制作相应的潮式风味点心。

（4）能够完整地制作具有地方特色的潮式风味点心。

（二）基本素质要求

潮式风味点心粤菜师傅除了需要掌握系统的理论知识和扎实的操作技能之外，还必须具备良好的职业素养。根据餐饮服务行业的特点，粤菜师傅必须具备的职业素养包括以下几个方面：

1.具备优良的服务意识

餐饮业定义为第三产业，是服务业的一块重要的拼图，这就决定了餐饮业从业人员必须具备强烈的服务意识及优良的服务态度。服务质量的优劣直接影响企业的光顾率、回头率及可持续发展，由此可以看出粤菜师傅的工作态度，直接影响菜品的出品质量，并间接决定了粤菜师傅的行业影响力。基于此，粤菜师傅必须时刻端正及重视自身的服务态度，这是良好职业素养的基石。常言道，顾客是上帝。只有把优良的服务意识付诸行动，贯彻于学习和工作之中，才能够精于技艺，才能够乐享粤菜师傅学习的过程，才能够保证菜品的出品质量。

齐心协作

2.具备强烈的卫生意识

粤菜师傅必须具备良好的卫生习惯，卫生习惯既指个人生活习惯，同时也包括工作过程中的行为规范。卫生是食品安全的有力保障，餐饮业中的食品安全问题屡见不鲜，其中很大一部分与从业人员的卫生习惯密切相关。粤菜师傅首先必须从我做起，从生活中的点滴小事做起，养成良好的个人卫生习惯，进而形成健康的饮食习惯。除此之外，粤菜师傅在菜品制作过程中要严格遵守食品安全操作规程，拒绝有质量问题的原材料，拒绝不能对菜品提供质量保障的加工环境，拒绝有安全风险的制作工艺，拒绝一切会影响顾客身心健康的食品安全问题。没有良好的卫生习惯，一定不能成就一位合格的粤菜师傅。

厨师既是美食的制造者，又是美食的监管者，因此，厨师除了具有食物烹饪的技能之外，还须具备强烈并且是潜移默化的卫生意识，绝对不能马虎以及时刻不能松懈。厨师的卫生意识包括个人卫生意识、环境卫生意识以及食品卫生（安全）意识三个方面。

3.具备突出的协作精神

一道精美的菜品从备料到出品要经过很多道工序，其中任何一个环节的疏忽都会影响菜品的出品质量，这就需要不同岗位的粤菜师傅之间相互协作。好的菜品一定是团队智慧的结晶，反映出团队成员之间的默契程度，绝不仅是某一位师傅的功劳。每位粤菜师傅根据自身特点都拥有精通的技能，是专才，并非通才。粤菜师傅根据技能特点的差异而从事不同的岗位工作，岗位只有分工的不同而没有高低贵贱之分，每个岗位都是不可或缺的重要环节，每个粤菜师傅都是独一无二的。粤菜师傅之间只有相互协作、目标一致，才能够汇聚成巨大的能量，才能够呈现自身的最大价值。

（三）学习与传承

粤菜的快速发展离不开一代又一代粤菜师傅的辛勤付出，粤菜师傅是粤菜发展的原动力。粤菜文化与粤菜师傅的工匠精神是粤菜的宝贵财富，需要继往开来的新一代粤菜师傅的学习与传承。

1.学习粤菜师傅对职业的敬畏感

老一辈粤菜师傅素有专一从业的工作态度，一旦从事粤菜烹饪，就会全心全意地投入钻研粤菜烹饪技艺及弘扬粤菜饮食文化的工作中去，把自己一生都奉献给粤菜烹饪事业，日积月累，最终实现粤菜师傅向粤菜大师的升华。这种把一份普通工作当作毕生的事业去从事的态度，正是我们常说的敬业精神。在任何时候，老一辈粤菜师傅都会怀有把自己掌握的技能与行业的发展连在一起、把为行

潮式风味点心制作工艺

业发展贡献一份力量作为自身奋斗不息的目标，时刻把不因技艺欠精而给行业拖后腿作为激励自己及带动行业发展的动力。这份对所从事职业的热爱与敬畏值得后辈粤菜师傅不断地学习，也只有热爱并敬畏烹饪行业，才能够全身心投入学习，才能够在技艺上勇攀高峰，才能够把烹饪作为一生的事业并为之奋斗。

专注学习

2. 学习粤菜师傅对工艺的专注度

老一辈粤菜师傅除了具有敬业的精神之外，对菜品制作工艺精益求精的执着追求也值得后辈粤菜师傅学习。他们不会将工作浮于表面，不会做出几道"拿手"菜肴就沾沾自喜，迷失于小成就之下。他们深知粤菜师傅的路才刚刚开始，粤菜宝库的门才刚刚开启，时刻牢记敬业的初心，埋头苦干才能享受无上的荣耀。须知道，每一位粤菜师傅向粤菜大师蜕变都是筚路蓝缕，没有执着的追求，没有坚定的信念，没有从业的初心是永远没有办法支撑粤菜师傅走下去的，甚至还会导致技艺不精，一事无成。只有脚踏实地、牢记使命、精益求精才是粤菜大师的试金石，因为在荣耀背后是粤菜大师无数日夜的默默付出，这种执着不是一般粤菜师傅能够体会到的。正如此，必须学习老一辈粤菜师傅精益求精的执着态度，这也是工匠精神的精髓。

3. 传承粤菜独树一帜的文化

粤菜文化具有丰富的内涵，是南粤人民长久饮食习惯的结晶。广为流传的广府茶楼文化、点心文化，筵席文化、粿文化、粄文化，还有广东烧腊、潮式卤味等，都成了粤菜文化具有代表性的名片，由饮食习惯逐步发展成文化传统。只有强大的文化根基，才能够支撑菜系不断地向前发展，粤菜文化是支撑粤菜发展的动力，同时也是粤菜的灵魂所在，继承和弘扬粤菜文化对于新时代粤菜师傅尤为重要。经过历代粤菜师傅的不懈努力，"食在广州"成了粤菜文化的金字招牌，享誉海内外，这是对粤菜的肯定，也是对粤菜师傅的肯定，更是对南粤人民的肯定。作为新时代的粤菜师傅，有义务更有责任把粤菜文化的重担扛起来，引领粤菜走向世界，让粤菜文化发扬光大。

4. 传承粤菜传统制作工艺

　　随着时代的发展，各菜系之间的融合发展越来越明显，为了顺应潮流，粤菜也在不断推陈出新，粤菜新品层出不穷，这对于粤菜的发展起到很好的推动作用，唯有创新才能够永葆活力。粤菜师傅对粤菜的创新必须建立在坚持传统的基础上，而不是对粤菜传统制作工艺的全盘否定而进行的

五彩水晶球

胡乱创新。粤菜传统制作工艺是历代粤菜师傅经过反复实践而总结出来的制作方法，是适合粤菜特有原材料的制作方法，是满足南粤人民口味需求的制作方法，也是粤菜师傅集体智慧的结晶，更是粤菜宝库的宝贵财富。新时代粤菜师傅必须抱着以传承粤菜传统制作工艺为荣，以颠覆粤菜传统为耻的心态，维护粤菜的独特性与纯正性。创新与传统并不矛盾，而是一脉相承、相互依托的，只有保留传统的创新才是有效创新，也只有接纳创新的传统才值得传承，粤菜师傅要牢记使命，以传承粤菜传统工艺为己任。

　　总之，粤菜师傅的学习过程是一个学习、归纳、总结交替进行的过程。正所谓"千里之行始于足下，不积跬步无以至千里"，只有付出辛勤的汗水，才能够体会收获的喜悦；只有反反复复地实践，才能够获得大师的精髓；只有坚持不懈的努力，才能够感知粤菜的魅力……通过潮式风味点心粤菜师傅的学习，相信能够帮助你寻找到开启粤菜知识宝库的钥匙，最终成为一名合格的粤菜师傅。让我们一起走进潮式风味点心的世界吧，去感知潮式风味点心的无限魅力……

二、潮式风味
通用点心

（一）蒸（炊）

水晶麦穗饺

名点故事

水晶麦穗饺的麦穗造型一向深受人们喜爱，加之饺皮晶莹剔透，是人们喜爱的小吃之一。

烹调方法

蒸（炊）法

风味特点

透明软韧，清甜爽口

技术关键

1. 粉糊的冲制过程。
2. 麦穗形状的制作。

知识拓展

澄面和淀粉制成的水晶皮，包上不同色彩的馅料，更能引起消费者的食欲。

·∘ 原 材 料 ∘·

皮 料 特级薯粉150克，淀粉50克，清水150克

馅 料 糖冰肉500克，白砂糖440克，冬瓜片625克，白芝麻仁200克，瓜子仁150克，糕粉282克，橙糕18克，清水95克，花生油92克

工艺流程

1 薯粉过筛，取用50克放在大碗中，加入50克清水，用手搅匀成淀粉水，再将清水100克煮滚，趁滚冲入粉水中，搅匀便成粉糊。

2 已冷却的粉糊倒在案板上，掺入薯粉90克，搅拌均匀，搓至柔滑便成饺皮。把饺皮分成24粒，每粒10克，用酥槌碾成薄圆片状，包上水晶馅12.5克，包成麦穗形，放入已扫油的不锈钢蒸盘内用中等火蒸3分钟，熟后扫上熟油，使其更加鲜亮（蒸前要先喷上清水，使饺子蒸熟后更呈透明）。

碧绿水晶包

名点故事

水晶包因其皮采用澄面，故成品小巧玲珑，晶莹剔透，透过油光闪闪的包皮，可以见到碧绿色的包馅，格外讨人喜爱。

烹调方法

蒸（炊）法

风味特点

翠绿鲜艳，清爽醇香

技术关键

1. 水晶包皮制作后，用洁白湿布盖着待用。
2. 鸡笼造型，捏口要紧。

知识拓展

水晶包形似包类，通过水晶皮将馅料透射出来，可以制作多款同类水晶包。

◦ ○ (原) (材) (料) ○ ◦

| 皮 料 | 澄面75克，淀粉175克，清水300克 |
| 馅 料 | 鲜虾肉200克，肥肉100克，韭菜450克，精盐10克，味精10克，白砂糖5克，芝麻油10克，胡椒粉1.5克，熟猪油8克，花生油10克 |

工艺流程

1　澄面和75克淀粉过筛，盛入大碗，清水煮滚，趁热冲入碗中，搅均匀后倒在案板上搓匀，加入淀粉100克再搓至柔软为止，然后加入熟猪油8克搓至均匀便成水晶包皮。

2　鲜虾肉洗净吸干水分，拍成虾蓉，加入精盐用筷子搅挞至起胶，加入蛋白再搅挞至均匀。肥肉切成细粒，韭菜洗净切成细粒，然后把花生油10克放入已切粒的韭菜拌匀，再放入虾胶、肥肉、味精、胡椒粉、白砂糖一起搅匀，最后加入芝麻油搅匀便成馅料。

3　熟粉皮分出50粒，用拍皮刀拍成薄圆片状，每张皮包上馅料16克，捏成鸡笼形，捏口要紧，放在已扫油的不锈钢蒸盘上用猛火蒸8分钟便熟。

汕尾小米

潮式风味点心制作工艺

名点故事

汕尾小米又称做薯粉饺，因饺皮由薯粉做成，晶莹剔透、有弹性，肉馅由猪肉和方鱼末做成，鲜味浓郁，回味留香，配上自制的汕尾辣椒酱，堪称人间极品。

烹调方法

煮法

风味特点

饺皮半透明，软中带韧，质感软糯有嚼劲，肉馅细腻鲜香

知识拓展

如包上海鲜馅料，制成布袋形状，便成饶平布袋小米。

○ ○ 原 材 料 ○ ○

皮 料　番薯粉300克，开水150克
馅 料　五花肉500克，方鱼末15克，鸡精5克，精盐4克

工艺流程

1 皮料制作
   ● 番薯粉过筛，开水缓慢冲入，搅拌均匀，和成面团后盖上湿布醒面。

2 馅料制作
   ● 五花肉切粒，加入方鱼末、鸡精、精盐一起混合成馅料待用。

3 成形与成熟
   ● 每份皮10克、馅20克。
   ● 面团分成出体，擀薄成饺皮，包上馅料，包成弯梳形。
   ● 上笼用猛火蒸10分钟即可。
   ● 食用时蘸辣椒酱，风味更佳。

技术关键

1. 粉团冲制时，不可过快，否则面皮不利于操作。
2. 汕尾小米趁热吃，质感才会软糯。

炊潮汕粉粿

名点故事

粉粿是潮汕地区颇具地方特色的一款传统小食，它名为粿，形却似鸡冠饺，皮采用水晶皮，蒸熟后晶莹透明，十分受欢迎。

烹调方法

蒸（炊）法

风味特点

鲜爽浓香，回味无穷

技术关键

1. 皮要烫熟，蒸制出来的粉粿皮才能又薄又透。
2. 造型要饱满，不可过于干瘪。

知识拓展

潮州粉粿形似鸡冠饺，却称之为"粿"，这是因为"粿"是潮州小食中历史较为悠久，特别大众化的形式。

∘∘ 原 材 料 ∘∘

皮 料 澄面70克，淀粉100克，清水180克

馅 料 瘦肉100克，肥肉50克，鲜虾肉70克，湿虾米10克，湿冬菇10克，菜脯20克，胡萝卜50克，炸花生仁20克，韭菜20克，精盐10克，味精5克，鸡粉5克，白砂糖5克，胡椒粉1克，猪油50克，芝麻油3克

工艺流程

1　澄面和淀粉80克过筛，用大碗盛着，清水煮滚，趁滚冲入碗中，搅匀后放在案板上，加入精盐1克、猪油5克搓匀，再加入淀粉20克搓至柔软，用白布盖密候用。

2　瘦肉、肥肉、鲜虾肉切成细粒，加入味精、精盐调匀，湿虾米洗净，湿冬菇、韭菜、花生仁切碎，菜脯浸洗干净切成碎粒。鼎烧热，放入猪油，下冬菇、虾米炒香，倒起。菜脯粒炒香，倒起。胡萝卜切成细粒用水煮熟，鼎烧热放入猪油、瘦肉、肥肉、虾肉炒熟，然后倒入已炒香的菜脯粒、冬菇、虾米，调上味料，用20克淀粉加热水调成糊，待冷却，再加上花生仁、胡萝卜粒、韭菜、白砂糖、芝麻油、胡椒粉拌匀，便成馅料。

3　熟澄面皮分出24粒，每粒重10克，用拍皮刀拍成薄圆片状，包上馅料17.5克，做成角形，然后捏出粗纹呈饺状，放在已扫油的不锈钢蒸盘上，用猛火蒸10分钟便成。

鸡笼饺

名点故事

鸡笼饺因其外形独特而得名，小巧玲珑，晶莹剔透，可供欣赏和品尝。

烹调方法

蒸（炊）法

风味特点

造型美观，鲜爽湿润

技术关键

1. 澄面同淀粉混合后，冲入滚水。
2. 熟澄面皮分量后，用拍皮刀拍成薄圆片状。

知识拓展

鸡笼饺皮可包上其他馅料，制成水晶针缨饺、水晶麦穗饺等。

○·○ (原)(材)(料) ○·○

皮 料	澄面80克，淀粉20克，清水120克
馅 料	瘦肉100克，鲜虾肉100克，湿冬菇20克，熟笋肉30克，精盐8克，猪油10克，味精8克，芝麻油5克，胡椒粉1克，蟹黄25克

工艺流程

1 澄面同淀粉15克混合后过筛，盛入大碗，将清水煮滚，趁滚冲入澄面中，加盖焗5分钟后搓匀，加入猪油3克，再搓至柔滑便成饺皮，用白布盖密待用。

2 瘦肉、鲜虾肉、肥肉、熟笋肉、冬菇分别切成细粒，先将瘦肉和虾肉加入精盐、味精挞至起胶，再加入肥肉、笋肉、冬菇、胡椒粉搅匀，加入淀粉5克拌匀，最后加入猪油、芝麻油搅匀即成馅料。

3 熟澄面皮分出24粒，每粒重为8.5克，用拍皮刀拍成薄圆片状，每张皮包上馅料13克，捏成鸡笼状，再分别将蟹黄放在鸡笼饺的顶端口上，放入已扫油的不锈钢蒸盘上，用猛火蒸8分钟便成。

鱼蓉西芹饺

名点故事

鱼蓉西芹饺因有鱼蓉的鲜香，再配上西芹的特殊气味，很能引起味蕾的感应。是人们喜欢的点心之一。

烹调方法

蒸（炊）法

风味特点

皮爽润，馅清鲜

技术关键

1. 饺皮制作过程的工艺讲究。
2. 鱼肉搅至变白色且胶质较强，再盛起待用。

知识拓展

饺皮包上不同的馅料，可制成其他饺类。

○○ 原 材 料 ○○

皮 料 澄面122克，淀粉36克，玉米淀粉17克，清水235克

馅 料 鲜鱼肉500克，西芹300克，肥肉100克，鸡蛋白7个，精盐10克，鸡粉10克，味精6克，胡椒粉2克，芝麻油3克

工艺流程

1 澄面和淀粉、玉米淀粉拌匀过筛，清水盛入炖盅内，用不锈钢锅煮滚，趁大滚冲入盅内搅拌均匀，用盖盖密焗5分钟，然后倒在案板上，加入精盐、熟猪油一起搓揉，搓揉至纯滑便成饺皮。

2 鲜鱼肉先切成薄片，再放入搅拌机，加入精盐、味精搅拌，后加入鸡蛋白，搅至鱼肉变白色且胶质较强时盛在汤盆待用。西芹洗净切成片，炒鼎洗净，放入清水，放入西芹片，煮滚，捞起，剁碎，压干水分，放入盛鱼胶的盆内。肥肉切成细粒放入鱼胶内，加入胡椒粉、芝麻油搅拌均匀便成馅料。

3 饺皮分成20粒，馅也分成20份。用拍皮刀把每粒皮拍成薄圆形，包上一份馅，捏成梳状，放在已扫过油的不锈钢蒸盘上，放进蒸笼蒸5分钟便熟，取出盛上碟即成。

（二）煎（烙）

香麻煎软钱

名点故事

香麻煎软钱是用糯米粉浆做皮制成的产品，因软糯易消化，加之芝麻的香味，在潮汕地区很受老年人的喜爱。

烹调方法

煎（烙）法

风味特点

甜糯柔软，郁香不腻

知识拓展

这类糯米粉浆做成的皮，如包上水晶馅，便可煎成水晶糯米钱。

∘·∘ 原 材 料 ∘·∘

皮 料 糯米粉250克，澄面50克，白砂糖75克，花生油20克，清水300克

馅 料 豆沙馅350克，白芝麻仁50克，鸡蛋1个

工艺流程

1 糯米粉、澄面、糖拌均匀，然后把清水和花生油一起煮滚倒入糯米粉内，用木槌搅均匀成糯米皮，冲熟后待用。

2 已冲熟的糯米皮搓匀分成24粒，豆沙馅也分成24份，将糯米皮包上豆沙馅，做成圆形，稍压扁一面呈金钱状，蘸上鸡蛋液，再粘上白芝麻仁，便成糯米钱胚。

3 平面鼎烧热放入少量油，然后把糯米钱胚粘有芝麻仁的一面放在鼎上用中慢火煎至金黄色，翻面再煎，煎至两面都呈金黄色即成。

技术关键

1. 糯米皮的制作过程。
2. 因外表粘有芝麻，煎制时要注意控制火候。

椰蓉吉士饼

名点故事

椰蓉吉士饼在潮汕地区，以其椰香馅、吉士皮发出的特有气味而得名，味道香醇，受到年轻人的青睐。

烹调方法

煎（烙）法

风味特点

皮柔软香甜，馅椰味香醇

技术关键

1. 已混合过筛的粉倒入鼎内时，一定要用中慢火铲至熟。
2. 肥肉切成细粒，用白砂糖200克腌制5小时后剁烂。
3. 注意控制煎的火候。

知识拓展

皮类如包上鲜虾肉馅料，可制成咸味产品。

◦○ 原 材 料 ○◦

皮 料 糯米粉400克，澄面100克，吉士粉150克，花生油50克，鸡蛋2个，清水400克，椰蓉150克

馅 料 白砂糖350克，已蒸熟的肥肉片50克

工艺流程

1. 糯米粉、澄面、吉士粉拌匀过筛。鼎洗干净，放入清水和白砂糖150克，煮滚时把已混合过筛的粉倒入鼎内，用中慢火铲至熟，然后摊开在案板上放凉后掺入花生油搅均匀便成吉士饼皮。

2. 肥肉切成细粒，用白砂糖200克腌制5小时后剁烂，加入椰蓉、鸡蛋液搅均匀便成椰蓉馅。

3. 吉士皮分成30粒，椰蓉馅分成30份，将皮压薄分别包上一份馅，做成扁圆形状，然后平鼎烧热放进少量花生油，把已做好的吉士饼放入鼎中用慢火煎至一面金黄色后翻转另一面再煎，煎至两面金黄色便成。

二、潮式风味通用点心

15

潮汕蚝烙

名点故事

蚝即生蚝、牡蛎，在潮汕话里称为"水生"。唐代韩愈被贬任潮州刺史，初次品尝海鲜，写下《初南食贻元十八协律》，诗中有句"蚝相黏为山，百十各自生。"说明在唐代，潮汕人已有食蚝习俗。

蚝烙是潮汕地区特色小食，深受外地游客的喜爱，来潮汕总要尝一尝这一地道美食。

烹调方法

煎（烙）法

风味特点

外酥脆内软滑，稍香辣带油腻

○ ° ○ 原 材 料 ○ ° ○

主副料 生蚝350克，鸭蛋3个，雪白薯粉75克，淀粉25克，清水约15克

调味料 葱白25克，味精1克，鸡粉2克，芝麻油3克，鱼露5克，辣椒酱5克，胡椒粉0.1克

工艺流程

1 生蚝漂洗干净，盛在不锈钢筛中。再用大碗把雪白薯粉和淀粉盛着，加入清水调匀，并将葱头洗净切成细粒放入，同时加入味精、鸡粉、胡椒粉、鱼露一起搅均匀待用。

2 平面鼎洗净，用旺火烧至足热，加入少量猪油，再把生蚝倒入已调好的粉浆内，搅匀，然后倒入鼎内进行煎烙，再把鸭蛋去壳，用碗盛着，加入辣椒酱搅拌均匀，淋在蚝浆的面上，加入猪油再煎烙，用铁勺在鼎里把蚝烙切分成4~6块，再用勺翻转，煎另一面，四周加入猪油，继续煎烙。煎至两面酥脆，并呈金黄色即成。食用时再配上辣椒酱、鱼露各一碟。

技术关键

1. 选用的生蚝要个小、鲜美的，潮汕称为"珠蚝"者为最佳。生蚝使用前要泡在精盐水中，防止脱水。煎蚝烙时讲究猛火厚膀，既要保持蚝肉的鲜嫩质感，又要确保出品的质感达到外酥里嫩。

2. 蚝烙上菜时可跟配鱼露和辣椒酱，供客人自由选择。

知识拓展

生蚝营养价值极高，有"深海牛奶"之称，其钙含量接近牛奶，铁更是牛奶的12倍。《神农本草经》记载："久服，强骨节，杀邪气，延年。"饶平南部沿海地区，有一座海滨小镇——洪洲。明末清初，洪洲已大面积养殖大蚝，至今已有500多年历史，素有"大蚝之乡"之称。据饶宗颐编纂的《潮州志·渔业》载："蚝，生长于咸淡水中，故沿岸及韩江一带多产之，饶平洪洲尤丰，其地年产6250担。"

栗子饭桃粿

名点故事

栗子饭桃粿拥有中华名小吃称号，是海外归国华侨念念不忘的美味佳肴。

烹调方法

煎（烙）法

风味特点

皮色金黄，柔润醇软，肉馅香醇

。○ (原) (材) (料) ○。

皮　料　大米2000克，糯米3000克

馅　料　瘦肉600克，湿冬菇50克，肥肉150克，鲜板栗750克，虾米125克，花生仁750克，芹菜250克，酱油125克，葱300克，鱼露125克，味精15克，淀粉1000克，猪油500克，甜油500克，胡椒粉25克

工艺流程

1 大米2000克加糯米250克用清水浸泡3小时后碾成浆，然后用洁白布袋盛着，用揉压方法压干水分，放入蒸笼用猛火蒸20分钟取出，放进瓷盆进行搓揉，边搓揉边加入清水，直到加完清水约250克为止。

2 糯米2750克洗净，用清水浸泡2小时捞干放进已铺有蒸布的蒸笼用猛火蒸30分钟便熟。板栗肉滚熟去膜后用油炸过再切成细粒，虾米浸洗干净切粒，芹菜茎、冬菇切成细粒，先把瘦肉和肥肉切成肉粒调味上粉，然后把葱切成细珠，用猪油煎成葱珠油待用，再把鼎烧热分别放入冬菇、虾米、肉粒炒香炒熟，最后将已炒熟的肉粒、冬菇、虾米与板栗肉、花生仁、糯米饭、芹菜、葱珠油、鱼露、胡椒粉、酱油、味精一起拌均匀成馅料。

3 已蒸熟的粉团分成50粒，馅料也分成50份，再将粉皮用薯粉垫手压薄成大圆片状分别包上一份馅料，用手捏成桃形，放在印模上印好后用中火蒸15分钟便熟。

4 熟饭桃粿逐个放进平面鼎煎，煎至双面呈金黄色切件盛装上餐盘内（要排成原桃形），淋上甜橘油便成。

知识拓展

白饭桃粿口味、造型均与红
饭桃粿类似，其最大差异就
是在馅料上的体现，白饭桃
粿馅料中使用的坚果是板
栗，红饭桃粿馅料中使用的
是花生。

技术关键

1. 粿皮一定要烫熟并趁热揉和面团。
2. 馅料中冬菇、虾米、板栗不可切得太细。

虾米笋粿

名点故事

潮汕地区盛产竹笋，著名的埔田竹笋更有"岭南山珍"的美称。笋粿便是用这一食材为主要原料制成的。笋粿原料用到鲜笋、猪肉、虾米，在过去这些是比较高档的食材，不是一般百姓随便可以吃到的，潮汕有句俗语"乞食婆想食笋粿"，便是揶揄乞食婆的异想天开。20世纪50年代在汕头小公园的"潮成号"便是专营笋粿等的一间粿品店。

烹调方法

煎（烙）法

风味特点

爽韧酥香，味道鲜醇

。○ 原 材 料 ○。

皮 料 大米675克，糯米75克

馅 料 瘦肉500克，肥肉125克，虾米100克，薯粉75克，鲜竹笋1500克，湿冬菇100克，葱白50克，猪油250克，方鱼末25克，上等鱼露20克，精盐5克，味精5克，胡椒粉7克，芝麻油25克

工艺流程

1 大米、糯米用清水浸泡3小时，搓洗干净，滤去水分，然后用电磨磨成浆，再用布袋盛着，用揉压方法压平水分，放进已铺有蒸布的蒸笼内，抹均匀用猛火蒸15分钟，取出，放入瓷盆揉搓，边揉搓边加清水，加进清水至250克时便可，揉匀成块便成粿皮。

2 瘦肉、肥肉、冬菇分别切成细粒，虾米浸洗干净，用刀切碎，瘦肉、肥肉调好味，先将虾米、冬菇炒香后再加入瘦肉、肥肉炒香，鲜竹笋肉切成细粒放在竹筛上用猛火蒸熟，冷却后掺进已炒熟的虾米、冬菇、肉粒中，再加入方鱼末、味精、精盐、鱼露、胡椒粉、芝麻油、猪油150克拌均匀，另把葱白切成细珠，用猪油100克煎成葱珠油，放入笋肉粒中搅拌均匀便成馅料。

3 粿皮分成50粒，压成薄圆形（用薯粉垫手），每件包入馅料35克，包成上面突起呈球形、下边呈月眉形的笋粿，包好后放入已扫油的铝盘上用中火蒸12分钟便熟。

4 平面鼎烧热，放入少量猪油，把笋粿逐个放入，煎月眉形一边，煎至金黄色便可装进碟中。食用时淋上酱、醋即可。

潮汕地区除了揭阳的埔田竹笋，还有潮州的江东竹笋也特别有名，以肉质细嫩、松脆爽口、味道清甜著称。在汕头，人们善于选取合适的竹笋作为主料，结合其他食材制成独特的馅料，制成的笋粿别具一格。汕头小公园的飘香小食店制作的虾米笋粿更是享有中华名小吃的称号。

技术关键

1. 皮坯要烫熟，食用时粿皮才能薄而不破。
2. 馅料要求干爽，不可过于湿润。
3. 包制时，收口要捏紧实，避免煎制时爆口。

煎韭菜粿

名点故事

韭菜粿是潮汕地区流行最久的地道小吃之一，从民间小摊开始，就懂得韭菜加薯粉，再调味，制作成粿。

烹调方法

煎（烙）法

风味特点

皮爽韧酥香，馅味浓香

技术关键

1. 韭菜粒要压掉部分水汁，但也不能压干水分。
2. 煎的火候控制。

知识拓展

粿馅把韭菜换成白菜或高丽菜，也可制成白菜粿或高丽菜粿。

○○ 原 材 料 ○○

皮 料 糯米粉200克，澄面200克，淀粉200克，清水500克

馅 料 韭菜2000克，虾米100克，炒熟花生仁150克，猪油200克，精盐20克，味精10克，白砂糖30克，芝麻油25克，胡椒粉2克

工艺流程

1 糯米粉、澄面、淀粉混合均匀过筛，放入白砂糖30克。清水煮滚，趁滚冲入粉中，用木槌搅至不生粒、有稠度便成粿皮。

2 韭菜洗净切成细粒，放入精盐拌均匀候用，虾米浸洗干净，切碎，炒熟花生仁研碎。韭菜粒用手压掉部分水汁，加入味精、白砂糖、花生碎、虾米、胡椒粉、芝麻油、猪油一起拌均匀便成粿馅。

3 粿皮分成50粒，用淀粉垫手，用木槌碾成薄圆形，包上馅料30克，做成上面突起的球形、下边呈月眉半圆形的菜粿，放入已扫油的不锈钢盘上用中火蒸12分钟便熟。

4 平面鼎洗净烧热，放入少量猪油，菜粿逐个放入，先煎月眉形一边，然后翻转煎另一面，煎至两面呈金黄色便可装盘。食用时配上辣椒酱即可。

（三）油浸

绿豆水晶球

名点故事

绿豆水晶球是采用雪白的番薯粉作皮，具有皮软爽滑的特点，是潮汕地区传统小吃之一。

烹调方法

蒸（炊）法、油浸法

风味特点

色泽洁白而透明，味道咸的油润郁香，甜的香甜细腻

○ ○ 原 材 料 ○ ○

皮 料　雪白薯粉4000克，淀粉1000克

馅 料　绿豆2500克，葱白250克，猪肉200克，花生油100克，芝麻油10克，猪油1千克，味精25克，鱼露200克，虾米250克，胡椒粉2克

工艺流程

1 雪白薯粉和淀粉混合均匀过筛，先拨出2.5千克，用瓷器盛着，加入清水2.5千克，搅匀成稀粉浆，另把清水7.5千克煮开，趁热冲入稀粉浆内，用木棒不断搅拌，搅至均匀有稠度，用鼎盖密，1小时后倒在案板上，热气散掉后再把剩余的粉2.5千克拌入已冲熟的粉糊中进行搓揉，搓揉均匀便成水晶球皮。

2 绿豆粒压成豆瓣，用清水浸2小时后漂洗去壳，然后放入蒸笼用猛火蒸35分钟便熟。猪肉切成粒，虾米浸洗干净切碎，葱白切成细粒，猪肉粒调味炒熟。最后将熟绿豆瓣、肉粒、虾米、葱白、鱼露、胡椒粉、芝麻油、味精一起拌匀，便成咸馅料。

绿豆水晶球如将馅换成红豆沙，则可制成红豆水晶球；如将馅料换成芋泥，则可制成芋泥水晶球。

3　水晶球皮分成300粒，用薯粉垫手压薄，分别包上咸馅料，每粒包35克咸馅料，做成球形，然后放在已铺有湿白布的蒸笼内，用猛火蒸5分钟便熟（蒸煎一定要喷上清水使水晶球周围的淀粉去掉，蒸后才能会呈透明）。

4　猪油或花生油放入铝锅隔水炖热，放入蒸熟的水晶球浸30分钟即成，食时咸、甜各上一半。

技术关键

1. 粉浆搅拌至稠度均匀，用鼎盖密，1小时后再倒出。
2. 控制油浸的时间。

（四）炸（浮）

家乡油粿

名点故事

家乡油粿是潮汕地区的传统小食，亦是祭拜神明的供品之一。

烹调方法

炸（浮）法

风味特点

皮脆带软，馅甜郁香

知识拓展

潮汕地区盛产番薯，有红心、白心、黄心3种，以南澳的金薯最为出名。

°○ 原 材 料 ○°

皮 料　去皮番薯500克，澄面75克，熟猪油40克，淀粉30克，幼白砂糖150克

馅 料　花生仁100克，芝麻仁50克，糖冬瓜片150克，橙糕5克，葱珠油10克，糕粉40克

工艺流程

1　番薯切片盛在不锈钢盘中，放进蒸笼蒸熟，趁番薯热时倒在案板上用刀压成薯蓉，加入澄面、淀粉，搓揉均匀，加入熟猪油，再搓揉均匀便成油粿皮。

2　芝麻仁炒香，花生仁炒熟后去膜，碾碎。糖冬瓜片剁碎盛入不锈钢盆内，加入幼白砂糖，拌匀，喷清水约50克，再加入花生碎、芝麻仁、橙糕、葱珠油拌匀，最后加入糕粉搅拌均匀便成馅料。

3　油粿皮分成30份，每份皮用手压成薄圆状，包上馅料，捏成三角形，放在有孔的不锈钢吊筛上。炒鼎洗净，烧热，放入花生油，待油热至约180℃时，将吊筛放入油内炸，炸至油粿外皮稍脆、呈金黄色时取出，盛上盘即成。

技术关键

掌握炸制的时间和火候。

糯米油椎

原 材 料

| 皮 料 | 糯米粉600克，清水300克 |
| 馅 料 | 乌豆沙45克，白芝麻仁150克 |

名点故事

将糯米用水浸泡一夜，水磨打成浆水，用布袋装着吊一个晚上，待水滴干，把湿的糯米粉团瓣碎晾干后便成糯米粉。糯米粉以柔软、香糯而著称。用糯米粉制成糯米油椎，具有独特的家乡风味。

工艺流程

1 糯米粉盛在汤盆中，加入清水搅拌，搓揉均匀便成油椎皮。乌豆沙分成30粒，油椎皮分成30份，每份油椎皮包上一粒乌豆沙，先包成圆球状，再搓成椭圆形，整粒蘸上白芝麻仁待用。

2 炒鼎洗净，烧热，倒入花生油，待油热至约180℃时，将制好的油椎胚逐个放入油内炸，炸至呈金黄色、熟透时便可捞起，盛于碟中即成。

烹调方法

炸（浮）法

技术关键

1. 油椎皮要均匀搅拌。
2. 在炸的过程要用筷子搅动，使其翻转，以便炸得均匀。

风味特点

表脆软滋，香甜幼滑

知识拓展

油椎皮也可包上绿豆沙、水晶馅等。

酥饺

名点故事

酥饺在潮汕地区又称油粿、油香仔，是传统的潮汕饼食，传统节日里，家家户户都有做酥饺的习惯。

烹调方法

炸（浮）法

风味特点

质感酥脆，口味甘香

技术关键

1. 馅心原料一定要炒熟至酥。
2. 水油皮调制时不可揉，一旦生成面筋要适当醒面松筋再操作。
3. 擀制酥皮时，动作要轻柔，不可破酥，否则影响造型。
4. 炸制时要控制好火候，油温不可过高或过低。

○·○ 原 材 料 ○·○

皮 料 水油皮：中筋面粉300克，猪油70克，清水100克；油酥心：低筋面粉100克，猪油45克

馅 料 花生仁100克，白芝麻60克，黑芝麻40克，瓜丁100克，白砂糖100克

工艺流程

1 皮料制作
- 中筋面粉开窝，猪油与清水放在面粉窝中，搓至乳化后加入余下的面粉，以折叠式手法制成水油皮待用。
- 油酥心材料搓匀混合待用。

2 馅料制作
- 芝麻炒熟，花生仁炒熟切碎，瓜丁切碎。
- 以上材料加入白砂糖拌匀成馅料待用。

3 成形与成熟
- 水油皮12克、油酥心3克、馅心10克每份。
- 水油皮包上油酥心擀成圆形卷起，压扁再擀成长条状卷起，再压扁把皮擀成圆形，包上馅心，对折后锁边。
- 油温150℃，炸6分钟至表面浅金黄色即可。

知识拓展

正月头几天，各家各户的茶几上总摆放着几盘酥饺，要是有亲友来拜年，便围在茶几边，边喝工夫茶边吃酥饺，气氛温馨和谐。

五香糯米角

名点故事
五香糯米角因其味咸、质感酥脆，而成为潮汕地区人们的茶配。

烹调方法
炸（浮）法

风味特点
外酥脆，内滋润，香味浓

技术关键
1. 糯米要蒸熟，便于搓拌。
2. 糯米角包成月眉形时，边角要注意捏紧。

知识拓展
糯米可制成咸的产品，也可制成甜的产品，如八宝甜糯饭。

∘○ 原 材 料 ○∘

皮 料　糯米250克，清水280克，精盐10克，味精5克，鸡粉5克，胡椒粉0.1克，五香粉0.1克，芝麻油2克

馅 料　葱50克，瘦肉200克，肥肉50克，湿冬菇20克，豉油2克，淀粉水15克，花生油60克（炸油另计），自发粉100克

工艺流程

1　糯米洗净捞干，放进九寸方盘加入清水200克，抹平放进蒸笼蒸熟。取出加入精盐5克、味精2克、鸡粉3克、芝麻油1克、胡椒粉0.1克一起搓拌均匀便成糯米角皮。

2　瘦肉、肥肉切成细粒，湿冬菇切碎。把瘦肉、肥肉加入豉油、精盐5克、味精3克、鸡粉2克搅拌均匀，再加入淀粉水搅拌均匀。炒鼎洗净，烧热放入花生油50克，先放入湿冬菇炒香，捞起，再把调好味的肉粒爆炒至熟，喷上少许清水搅匀，倒入已炒的冬菇拌匀盛上碟。葱去头洗净，切成细珠，加入肉粒内，再加入五香粉、芝麻油一起拌匀便成馅料。

3　糯米薄皮分成12块，每块用刀压成薄圆形。每块皮包上馅料15克，包成月眉形，边角捏紧待用。

4　自发粉加清水80克、花生油10克，搅均匀便成脆浆皮。鼎洗净，烧热放花生油，待油温热至180℃时将糯米角逐个蘸上脆浆皮放进去油炸，炸至金黄色捞起即成。

（五）焗

潮汕膀饼
（绿豆沙）

名点故事

潮汕称猪油为膀。膀饼是指用猪油所制的酥皮，包入以豆沙为主要馅料的甜馅所制成的酥皮类饼食。

传统膀饼以其馅料不同，而分别被称为绿豆沙膀饼、乌豆沙膀饼、双烹膀饼和水晶膀饼等，其中绿豆沙膀饼品味清甜，一直以来深受人们喜欢。

烹调方法

焗法

风味特点

油润甘香，佐以潮汕工夫茶，清口解腻

·○ (原) (材) (料) ○·

皮　料 水油皮：中筋面粉500克，猪油150克，麦芽糖15克，清水约175克；油酥心：低筋面粉300克，猪油150克

馅　料 绿豆沙500克

工艺流程

1　皮料制作

- 面粉过筛，开窝。在窝里加入麦芽糖、清水搓至麦芽糖溶解，再加入猪油，拌匀至乳化，加入面粉折叠成水皮，摊开松筋，待用。
- 面粉过筛后开窝，加入猪油，搓匀成酥心，待用。

2　成形与成熟

- 水油皮75克，油酥心25克，绿豆沙150克，分好待用。
- 干净毛巾置于碗中，加入大红色素与水，待用。
- 水油皮包入酥心收口，用酥槌擀成椭圆

潮式风味点心制作工艺

1. 水量、油量要准确，水油皮与油酥心的软硬度要合适。

2. 收口要紧，开酥时忌破酥，以免影响饼皮的美观。

3. 根据气温掌握制作时间，气温低，卷好的表皮易风干，要保湿。

4. 造型要大小均匀，烤制时要注重猪油的添加量。

形，卷起压扁再擀开，再折叠卷酥后压扁擀成圆形皮。

● 水油酥皮包入豆沙，收口压成鼓形。整齐码在刷好猪油的烤盘上。饼印蘸上少许色素在饼胚上加印。

● 烤炉上火180℃、下火200℃，烤5分钟后取出翻面，再入烤炉烘烤5分钟，取出再翻面，往烤盘中注入猪油，再放回烤炉烘烤35~40分钟，饼胚呈现金黄色便可出炉。

知识拓展

潮式月饼最先出名的便是潮州意溪的"范合盛大膀饼"，是清末意溪镇的一家饼铺老字号，至今已有200多年的历史。

潮州老婆饼

名点故事

潮州老婆饼是潮汕地区一大特色饼食，深受出门在外的潮汕人喜爱。

烹调方法

焗法

风味特点

饼皮松脆，馅爽香甜

技术关键

油皮包上酥心以后的制作手法。

知识拓展

俗话说："有潮州老婆饼，就要有潮州老公饼。"可见，两者仅馅料与造型不同而已。

○○ 原 材 料 ○○

皮 料 水油皮：中筋面粉500克，花生油180克，清水320克，麦芽糖10克；油酥心：低筋面粉500克，花生油230克

馅 料 糖冬瓜片500克，冰肉500克，榄仁250克，猪油100克，幼砂糖1000克，白芝麻仁100克，橘饼150克，清水350克

工艺流程

1 面粉过筛，开窝，然后放入清水、麦芽糖，将麦芽糖搅至溶化，再加入花生油一起拌匀，搓揉至纯滑便成水油皮待用。

2 面粉过筛，开窝，放入花生油搅拌均匀，便成油酥心待用。

3 糖冬瓜片、橘饼切碎，冰肉切成细粒，白芝麻仁炒香，榄仁炸过油后切碎。把以上加工好的料混合，加入猪油、清水搅拌均匀，再加入糕粉搅拌均匀便成馅料待用。

4 水油皮和油酥心分别分成100粒，每粒水油皮压薄后包上一粒油酥心，然后用酥槌先擀成薄圆形，卷成条状，再擀成长薄状，卷成筒状，压扁成薄圆形待用。

5 馅料分成100份，每张水油酥皮包上1份馅，做成圆球状，再压成薄圆状，放在焗盘内，扫上蛋液，点上白芝麻仁，放进焗炉焗至表面呈金黄色并熟透即成。

三、潮式地方风味点心

（一）蒸（炊）

潮汕炊小米

名点故事

潮汕的小米，是从粤语谐音的"烧卖"延伸来的。小米、烧米、肖米等，实际都是源于"烧卖"的一种小吃。作为潮汕小吃的首选，潮汕炊小米有其传统的口味，深受人们喜爱。

烹调方法

蒸（炊）法

风味特点

清鲜爽口，回味香醇

技术关键

小米皮注意槌成菊花状，皮边薄，中间稍厚。

知识拓展

可利用鱼、虾等制成小米皮或小米馅，如鱼皮小米等。

○。○ 原 材 料 ○。○

皮 料　淀粉75克，精面粉150克，鸡蛋液38克

馅 料　瘦肉200克，肥肉100克，鲜虾肉150克，湿冬菇25克，笋肉100克，芝麻油7.5克，虾米20克，猪油20克，精盐12.5克，味精10克，胡椒粉1克

工艺流程

1　精面粉过筛，放入鸡蛋液拌匀，搓成面团，揉成长条状，然后切成40粒，再用木制的小米槌碾成薄圆片（在碾皮时要用淀粉垫底），把全部碾完后分成四叠再槌成菊花状（即皮边薄，中间稍厚），便成小米皮。

2　瘦肉、肥肉、鲜虾肉、冬菇分别切成细粒放好，笋肉煮熟后切成细粒，虾米浸洗干净用刀剁碎。瘦肉粒加入精盐5克，搅匀挞至起胶，加入虾肉粒再挞，再加入剩下的精盐、味精、胡椒粉边拌边挞，随将肥肉粒、笋粒、冬菇粒、虾米、淀粉15克加入拌均匀，最后放入猪油、芝麻油搅匀便成小米馅。

3　将小米皮分别包上小米馅，每个包上馅料15克，做成樽枳形（即底面平、正身稍收腰状）即为小米胚，然后放入已扫油的铭筛上，用猛火蒸7分钟即成。

炊鱼皮小米

名点故事

小米是源于"烧卖"的一种小食。这种小吃被移植到潮汕地区，潮汕师傅非常聪明，结合当地海鲜特别多的特点，将鱼加工成鱼皮代替了面皮，创造出了鱼皮小米。

烹调方法

蒸（炊）法

风味特点

清鲜醇香，皮白爽滑

技术关键

1. 鱼肉要拍烂成鱼蓉。
2. 造型为樽枳形。

知识拓展

可采用豆腐、鲜虾肉，制成另一种口味的小米。

。○ **原** **材** **料** ○。

皮 料	淀粉100克，鲜鱼肉200克
馅 料	鲜虾肉150克，瘦肉200克，肥肉100克，湿冬菇30克，熟笋肉50克，味精15克，方鱼末10克，猪油10克，白砂糖5克，芝麻油5克，胡椒粉1克

工艺流程

1 鲜鱼肉用刀拍烂，成鱼蓉。然后加入精盐5克，挞至起胶，再加入味精5克、淀粉25克搅匀，用淀粉垫底压扁，再用木棒压薄成长条状，用刀切成40张直径约5厘米的圆形薄皮待用。

2 瘦肉、鲜虾肉切粒，肥肉、湿冬菇、熟笋肉切成细粒。瘦肉粒加入精盐5克，挞至起胶，再加入鲜虾肉、精盐5克、味精7克，再搓挞，然后加入肥肉粒、笋肉粒、冬菇粒、方鱼末、胡椒粉、白砂糖搓均，再放入淀粉15克拌匀，最后加入猪油和芝麻油搅匀便成小米馅。

3 每张鱼皮包上馅料18克，然后做成樽枳形（即底平中间稍细，顶部边缘平整），放入已扫油的不锈钢蒸盘上，用猛火蒸8分钟便成。

水晶针缨饺

名点故事

水晶针缨饺形如其名，犹如玲珑小巧的艺术品，馅料能够透出皮层，可先欣赏，再品尝。

烹调方法

蒸（炊）法

风味特点

色泽鲜明，清甜爽口

知识拓展

水晶皮晶莹透明，如以糖冰肉、冬瓜片、白芝麻仁、瓜子仁等为馅料，可制作成水晶麦穗饺。

°・○ 原 材 料 ○・°

皮 料 澄面90克，淀粉100克，清水120克，猪油5克

馅 料 糖冰肉500克，白砂糖440克，冬瓜片625克，白芝麻仁200克，瓜子仁150克，糕粉282克，橙糕18克，清水95克，花生油92克

工艺流程

1 澄面和淀粉用筛斗筛过，用大碗盛装，再将清水煮滚，趁滚冲入碗内，用筷搅匀，加盖焗5分钟，然后倒出，在案板上搓揉均匀，便成饺皮，用清白布盖密待用。

2 水晶馅分成24粒，每粒10克，再将熟澄面皮分成24粒，每粒约9克，用拍皮刀拍成薄圆片状，将皮的边沿向下得三瓣成角状，包入水晶馅10克，把三只角拽紧，再将三只角皮的边沿轻轻锁成小边，便成针缨饺胚。

3 已制好的针缨饺胚放入已扫油的筛中，用中火蒸3分钟便成。

技术关键

1. 饺皮制作好，要用清白布盖密待用。
2. 针缨饺胚的成形制作。

姜薯福寿桃

皮 料 净姜薯250克，澄面25克，开水25克，白砂糖粉50克

馅 料 绿豆沙120克，红曲粉水10克，清水60克，淀粉10克，白砂糖40克

名点故事

姜薯以潮阳西胪的沙地姜薯最佳，为潮汕地区特有的一种薯类，味甘香，有温肺、益乳、益肝、健脾、和胃的作用，故常用于制作寿桃，用于寿宴之上。

烹调方法

蒸（炊）法

风味特点

口味香甜，质感绵软

知识拓展

潮阳姜薯是潮阳区继金玉三捻橄榄、西胪乌酥杨梅之后，第三个获得地理标志产品保护的本土特色农产品。姜薯是季节性食材，较为珍贵，一般用于制作甜汤接待贵客、制作寿桃贺寿。

工艺流程

1 **皮料制作**
- 澄面用开水烫熟，和成面团待用。
- 姜薯洗净后切片，蒸熟，碾压成蓉，趁热加入糖粉，搓至糖粉溶化后掺入熟澄面搓匀至纯滑便成姜薯皮。

2 **成形与成熟**
- 姜薯皮每件30克，绿豆沙每件20克。
- 姜薯皮包入绿豆沙，包紧后搓制成寿桃状。
- 樱桃剪成细条待用。
- 蒸板刷油，放上寿桃胚，入蒸笼旺火蒸5分钟后取出。
- 红曲粉水喷洒在寿桃上。
- 白砂糖用清水煮开后，用淀粉水勾芡成糖浆待用。
- 上席前将寿桃装盘蒸热，浇上调制好的糖浆即可上席。

技术关键

1. 水量要准确，澄面要烫熟。
2. 姜薯要选用当季、粉质多的。
3. 蒸制时间要准确，否则桃胚易裂。

三、潮式地方风味点心

八宝甜糯饭

名点故事

潮汕人喜欢金银财宝，以八宝象征财富来之四通八达。当要办喜事时，喜欢上一道八宝甜糯饭，以示八宝甜蜜，好事连连。同时，八宝饭中有八种不同的坚果、甜果同糯米饭在一起，更加有营养和美满滋味。

烹调方法

蒸（炊）法

风味特点

甜糯，香醇

技术关键

1. 注意糯米蒸的火候和时间，以免不熟或过于软烂。
2. 八种坚果桃仁的摆叠造型讲究。

知识拓展

可将坚果桃仁换成芋泥，制成芋泥糯米饭，也可做成咸味的八珍糯米饭等。

○。（原）（材）（料）。○

主副料 糯米300克，莲蓉150克，糖冬瓜片25克，柿饼25克，核桃仁25克，橘饼25克，熟莲只25克，红绿樱桃各3个，炒熟白芝麻仁15克

调味料 白砂糖500克，葱珠油15克，猪网油150克

工艺流程

1 将糯米洗净盛在碗内，放入清水约300克，放进蒸笼蒸20分钟至熟，取出便成糯米饭待用。

2 把糖冬瓜片、柿饼、橘饼切成薄条片后，其中一半再切成细粒。然后将白砂糖300克放入糯米饭内，再把已切成细粒的糖冬瓜片、柿饼、橘饼、葱珠油炒熟，熟白芝麻仁放入饭内一起拌均匀，再把核桃仁洗净，炸过油，切成小块后放进饭内一起拌匀待用。

3 将网油洗净，捞起，用手压干水分，然后摊开在大碗里，再把莲蓉做成圆形碗中心，再将莲只围上，再把红绿樱桃每粒用刀切半围上，然后把糖冬瓜片条、橘饼条、柿饼条分别摆彻上。再将拌好的糯米饭放在上面，把大碗四周的网油向碗包入，放进蒸笼蒸10分钟，会熟透，后倒翻在另一大碗里。将200克白砂糖渗入清水100克煮滚，用少许淀粉水勾芡，淋在面上即成。

夹心饭仔糕

名点故事

汕头市潮阳区民间逢年过节以及办喜事时都要做饭仔糕，它是采用优质糯米经浸洗、蒸制、中间夹入乌豆沙或绿豆沙切件而成。食用时蒸热后淋上糖油便可。

烹调方法

蒸（炊）法

风味特点

润滋香甜，橙味香醇

技术关键

1. 注意豆沙饭仔糕的夹心制作步骤。
2. 制作糖油时要用慢火。

知识拓展

这种小吃也可用腐皮包上做成卷筒状，也可以做冷菜，叫"凉饭仔糕"。

○ ○ 原 材 料 ○ ○

主副料 优质糯米600克，乌豆沙500克，清水400克

调味料 熟花生油50克，白砂糖300克，橙糕25克

工艺流程

1 糯米浸洗干净，加入清水和熟花生油搅拌均匀，再将两个九寸方盘扫上花生油，把已洗好并掺入油水的糯米分在两个方盘内，用手抹平，放进蒸笼蒸熟，取出待凉候用。

2 白砂糖加清水100克，放进锅内用慢火煮至全部溶化时，再加入橙糕搅均匀，便成糖油待用。

3 将乌豆沙均匀地压薄放在其中一个方盘的糯米饭面上，铺满后再把另一方盘的糯米饭反盖在乌豆沙面上，形成夹心豆沙饭仔糕。

4 已夹好的饭仔糕反倒在案板上，用刀先开成6条，每条切成12块，分别放在碟上，每碟装2块或4块，放进蒸笼稍蒸热取出，淋上糖油即成。

夹心朥糕

名点故事

朥糕是用已炒熟的糕粉和糖油制作的。该点心是汕头市澄海区人们逢年过节不可缺少的品种，当地人也称之为老妈糕。朥糕比较软嫩，老年人也能食用，因此嫁女儿时一定要送上老妈糕，寓意甜甜蜜蜜，家和万事兴。

烹调方法

蒸（炊）法

风味特点

甜滋柔滑，香醇爽口

技术关键

1. 糕粉加进糖油时，要搅拌均匀，不能有生粒。
2. 注意在扫上食用胭脂红时，要抹平。

知识拓展

可以做成圆形，也可以做成黑芝麻朥糕等。

○ ○ 原 材 料 ○ ○

主副料 糕粉700克，白砂糖油1100克，清水150克，糖冬瓜片150克，糖冰肉150克，芝麻仁25克，榄仁25克，橙糕30克，葱珠油30克，红曲粉水少许

工艺流程

1 糕粉分成3份，两份各250克，另一份200克。糖冬瓜片切成粗块，糖冰肉切成粗粒。榄仁用油炸过稍切碎待用。

2 九寸方盘洗净，抹干水分，扫上熟猪油。另用不锈钢盆一个，先装进白砂糖油400克，再将250克糕粉逐步加进糖油中，加入时搅拌均匀，搅至糕粉全部溶完毕时，加入清水50克，再快速搅拌均匀，马上倒入九寸方盘内，抹平，扫上食用胭脂红。再将300克白砂糖油装进不锈钢盆内，然后放入糖冬瓜片、糖冰肉粒、榄仁、芝麻仁、葱珠油、橙糕，搅拌均匀。逐步加入糕粉，边加边搅拌，搅至糕粉加入量为200克时加入清水50克，再搅至均匀，即倒入已扫红色的九寸方盘内，抹平，再扫上薄胭脂红水。将不锈钢盆装入400克糖油，然后逐步加入糕粉250克，其方法与第一次一样，搅至纯滑后倒入已扫红色的馅料糕面上抹平。

3 已制好的夹心糕放进蒸笼蒸约30分钟后取出，冷却后用刀先开成五条，然后每条切成12块，即成夹心朥糕。

炊菜脯粉饺

名点故事

菜脯是潮汕地区的特色产品，经常作为人们进食白粥和白饭时的小菜，后来逐步发展成将菜脯加进肉料或其他配料、调味料制成馅料，做成菜脯粉饺等点心。

烹调方法

蒸（炊）法

风味特点

质地爽柔，质感香浓

技术关键

菜脯在制成馅料时要切成细粒，用清水冲洗过，压干，再用刀剁成蓉。

知识拓展

菜脯制成馅料后可以做各种粿类，如菜脯粿。

○·○ (原)(材)(料) ○·○

皮料　澄面75克，淀粉175克，清水300克

馅料　优质菜脯500克，肥肉100克，瘦肉100克，虾米50克，蒜头75克，白砂糖10克，味精5克，鸡粉5克，胡椒粉1克，芝麻油5克，花生油100克，玉米淀粉20克

工艺流程

1 澄面和淀粉150克拌匀过筛，盛入大炖盅内，再将清水220克煮开，趁热冲入炖盅内搅拌均匀。然后倒在案板上，用手搓揉均匀时加入余下的淀粉和清水，再搓揉至纯滑便成饺皮。

2 菜脯切成细粒，用清水冲洗过，压干，再用刀剁成蓉。虾米浸洗干净，蒜头脱皮，同肥肉、瘦肉分别剁碎待用。炒鼎洗净，烧热，放入少量花生油，先把虾米及蒜蓉分别炒香。放入花生油，先放入菜脯蓉炒香，然后投入肥肉蓉、瘦肉蓉一起炒至肉熟，加入以上调味料，炒匀，再投入虾米、蒜蓉炒匀，最后用玉米淀粉调清水勾芡即成馅料。

3 饺皮分成50粒，用拍皮刀逐粒拍成薄圆片状，分别包上馅料，捏成鸡冠状，放入已扫好油的不锈钢盘上，放进蒸笼蒸3分钟即成。

饶平布袋小米

名点故事

潮汕小米，是从粤语谐音的"烧卖"延伸来的。饶平沿海地区盛产海鲜，当地人将小米做成布袋形状，象征出海满载而归的丰收盛况。

烹调方法

蒸（炊）法

风味特点

清鲜润嫩，回味香郁

技术关键

1. 注意用湿白布盖密待用，以防干裂。
2. 每张小米皮包上一份馅，做成布袋形状，注意顶口要像石榴状。

知识拓展

将面团分成出体，擀薄成饺皮，包上馅料，包成弯梳形，可制成汕尾小米。

∘ ∘ 原 材 料 ∘ ∘

皮 料 中筋面粉150克，花生油50克，清水75克

馅 料 豆腐400克，鲜虾肉200克，肥肉100克，瘦肉150克，芹菜50克，豆瓣酱150克，芝麻油5克，辣椒油5克，白砂糖10克，胡椒粉0.3克，鸡粉10克，精盐8克，味精5克

工艺流程

1 面粉用筛斗筛过，加入清水搓成面团，搓揉至柔软，分成30粒，然后用小米槌把每粒面团碾成大薄圆的菊花形状，用湿白布盖密待用。

2 豆腐、鲜虾肉分别用刀切成细粒状，肥肉用刀剁成肉蓉，芹菜洗净切成细珠待用。

3 瘦肉用刀切成30粒，豆瓣酱用刀压烂。炒鼎洗净，烧热，放入花生油，将瘦肉投入鼎内翻炒，加入豆瓣酱、辣椒油、白砂糖，炒至肉粒熟透盛起。

4 豆腐粒、肥肉蓉放在汤盆内，搅拌一下，再加入鲜虾肉粒、鸡粉、精盐、味精、胡椒粉一起搅拌均匀。加入芹菜珠和芝麻油搅拌均匀便成小米馅，再将馅分成30份待用。

5 每张小米皮包上一份馅，做成布袋形状，顶口像石榴状，再将每粒瘦肉分别放在石榴口上。然后排放在已扫好花生油的不锈钢盘中，放进蒸笼蒸5分钟便熟。食用时可以浙江陈醋佐食。

菜脯水粿

名点故事

菜脯是潮汕人的美食佐料，加上蒜蓉，香味满溢。菜脯水粿是潮汕地区街头巷尾的知名小吃，很受人们喜爱。

烹调方法

蒸（炊）法

风味特点

甜咸香润俱佳

技术关键

1. 粘米浆用匙倒入杯或碟内，只可倒满九分。
2. 已蒸熟的水粿排列在餐盘间，放进蒸笼蒸3分钟便可取出，注意控制火候。

知识拓展

可制作菜脯炒粿条、炒菜脯饭等。

。○ **原 材 料** ○。

主副料 粘米粉500克，清水650克，菜脯200克，蒜头100克，熟猪油100克，白砂糖150克

工艺流程

1. 粘米粉用筛斗筛过，盛入汤盆。然后把水慢慢倒入粘米粉内，边倒边用手搅匀。工夫茶杯或酱油碟抹上花生油，粘米浆用匙倒入杯或碟内，九分满即可。然后放进蒸笼用中火蒸12分钟取出便成水粿待凉后脱杯待用。

2. 菜脯洗去细沙，洗净后用刀剁成菜脯碎待用。蒜头用刀剁成蒜蓉。炒鼎洗净、烧热，放入猪油，再投入菜脯碎、蒜蓉，用中火后改慢火煎炒，炒至蒜蓉呈金黄色，喷出香味待用。

3. 白砂糖加45克清水煮开至白砂糖全部溶解且有黏度便成糖油，再把已蒸熟的水粿排列在餐盘间，放进蒸笼蒸3分钟取出，然后把蒜蓉菜脯分放在水粿的凹角，淋上糖油即成。

糯米甜粿

名点故事

甜粿是潮汕人过年必吃的粿品之一，也是一道广大吃货非常喜欢的美食，质感丰富并且极具营养。甜粿蒸制精细，风味独特，深受潮汕人的喜欢。潮汕地区正月有营老爷的习俗，每逢营老爷或家有喜事时都会在家中蒸上几笼甜粿，送与亲朋好友。

烹调方法

蒸（炊）法

风味特点

香甜软滑，风味独特

主副料 糯米粉2000克，白砂糖1000克，红糖500克，水3000克，腐膜1张

工艺流程

1 糯米粉过筛待用。

2 红糖、白砂糖加入水中烧开至糖融化，糖浆水放凉后与糯米粉搅拌成糊状，放置30分钟。

3 蒸笼上垫上腐膜，倒入糯米浆，盖上蒸笼盖，旺火蒸10小时即可。

技术关键

1. 水量要准确，成品的软硬度要合适。
2. 蒸时要注意加水，防止烧焦。
3. 蒸制不宜过火，否则质感变硬。

知识拓展

甜粿蒸制时间随重量而定，500克蒸1小时，1000克蒸2小时，依次递增。甜粿容易保存，所以除了拜神、祭祖当粿品外，还可以当作漂洋过海干粮之用。

栀粿

名点故事

栀粿又称栀粽，是潮汕地区民间传统的应节食物。端午节吃栀粿是潮汕人自古以来的传统习俗。潮汕民间把吃栀粽又称为"吃壮"，因为潮汕话里"粽"跟"壮"是同音，寓意吃了身体强壮。

烹调方法

蒸（炊）法

风味特点

柔韧软滑，苦中带甜，有淡淡的青草香

◦○ (原)(材)(料) ○◦

主副料 栀子15克，糯米粉250克，水220克，精盐10克，味精6克，胡椒粉5克，芝麻油5克

工艺流程

1 栀子洗净打碎后加水浸泡2小时。

2 栀子水过滤去渣，滤液与糯米粉搅拌均匀，静置1小时。

3 糯米浆搅拌均匀，加入精盐、味精、胡椒粉、芝麻油等调味，然后装入模具中，中火蒸25分钟即成。

技术关键

蒸的时间要根据模具的大小灵活掌握。

知识拓展

栀子可以清热泻火、解毒凉血，栀粿有助消化，预防肠胃疾病等作用。

潮式风味点心制作工艺

朴籽粿

名点故事

朴籽粿是清明节必备的传统糕点。相传当年元兵于清明前入侵潮州，杀戮抢夺，民不聊生，先民被迫躲入山中，恰逢饥荒年没有食物，只能采摘朴籽树叶充饥，后人为永记深仇大恨，在清明节制作朴籽粿，流传至今。潮汕地区有"清明食叶，五月食药"的民谚，指的就是用朴籽叶为原料做粿食用。

烹调方法

蒸（炊）法

风味特点

色泽翠绿，甜微苦涩

知识拓展知识拓展

朴籽树叶有消痰下气、去除疾病的功效。使用朴籽树嫩叶结合米浆制成朴籽粿，正是潮汕人讲究"时节做时粿"的一个习俗。

·○ 原 材 料 ○·

主副料 粘米粉1000克，白砂糖200克，朴籽树叶250克，酵母种150克，泡打粉30克，枧水15克，清水600克

工艺流程

1. 在粘米粉中拨出150克，用150克清水调稀，再用200克清水放在不锈钢锅内，煮滚，将稀浆慢慢倒入锅内，边倒边搅成糊浆。候冷待用。

2. 粘米粉850克放在盆内，加入酵母种，用清水一起搓成米粉团。然后逐渐加入糊浆，边加边搓，搓至全部糊浆加完为止。用湿布盖密发酵，夏天约6小时，冬天12小时或更长些。

3. 圆桃形的粿壳盘洗净，晾干，扫上花生油待用。已发过酵的米粉团加入白砂糖用手搅均匀静置20分钟。朴籽树叶洗净，放在搅拌机里绞成绿色浆状，倒入米粉团内搅匀，再加入枧水、泡打粉一起搅匀。用匙分入已扫油粿的壳盘内，以八分满为佳。放进蒸笼用猛火蒸20分钟即熟，待凉取出壳即成。

技术关键

1. 朴籽树叶要搅拌至碎。
2. 浆料入模八分满即可。
3. 瓷器模具的碗底需要抹油防粘。

炊发粿（酵粿）

名点故事

发粿是潮汕地区的传统特色粿品。因是发酵类米制糕粿品也有人称其为酵粿。发粿最大的特点就是表面由于酵粿发酵膨胀而开裂，形状像一朵盛开的花，有时会在发粿爆出的花瓣上点上红色。发得越大，爆纹越深，代表运势越好。

烹调方法

蒸（炊）法

风味特点

绵软香甜，松软可口

知识拓展

各种民间节日，做粿是最重要的家庭节目之一。发粿一般在冬至、春节等大节日或重大祭神活动时制作。

∘○ 原 材 料 ○∘

主副料 粘米粉500克，白砂（红）糖200克，水6500克，泡打粉15克

工艺流程

1 生坯制作
- 粘米粉、泡打粉混匀过筛放进盆里。
- 白砂（红）糖加入水中搅至融化后加入粉中，调成浆的状态后静置30分钟。

2 成形与成熟
- 米浆装进碗中放进蒸笼蒸20分钟即熟。
- 发粿冷却后取出即可。

技术关键

1. 蒸制时一定要大火且中途不能掀盖，否则会影响造型。
2. 蒸制的时间得根据发粿大小来确定。
3. 蒸制的模具要趁热分离，否则凉了会黏住。

寿桃包

名点故事

中国素有以寿桃来表达长寿祝福的传统。为老人祝寿之时，席间总少不了与桃相关的菜式。寿桃包形似蟠桃的外皮包裹着满满的内陷，松软香甜，寓意美好。潮汕地区是一个重视祭祀文化的地区，寿桃之于潮汕人民来说，不只是用于筵席庆生这么简单，逢农历每月的初一、十五，都要买上几个寿桃包用来供奉神明。

烹调方法

蒸（炊）法

风味特点

形似白里透红的水蜜桃，质感松软香甜

○·○ (原)(材)(料) ○·○

| 皮料 | 面粉500克，清水250克，白砂糖100克，干酵母5克，泡打粉5克，红曲粉2克 |
| 馅料 | 绿豆沙500克 |

工艺流程

1 皮料制作

- 取配方中一半的清水与白砂糖混合至糖融化，加入干酵母搅拌至酵母溶解。
- 面粉过筛开窝，泡打粉洒在边上。
- 酵母糖水倒在面粉窝中，剩余清水分次加入，从内圈开始和面，和成光滑面团。

2 成形与成熟

- 皮50克，馅25克，包制成寿桃形。
- 发酵至2倍大后，上笼蒸8分钟取出，趁热用面刀压出桃纹。
- 红曲粉加适量清水搅拌均匀，用刷子在寿桃顶端涂上颜色。

中华面点花样繁多，而一些寓意吉祥的通常会被广泛应用。寿桃包属于最初的象形包之一，流传至今已有多年的历史。在潮汕地区，寿桃包不拘泥于寿宴食用，已是人们日常生活中的点心之一。

技术关键

1. 水量要根据面粉的湿度来调节，不可一次性加入，要分次加入。
2. 发酵时间要随气温而改变。
3. 冬天室温较低，可用40℃以下温水溶解干酵母，以缩短发酵时间。

红曲桃粿

名点故事

红曲桃粿又名红釉桃，是潮汕地区著名的小食，取桃果造型而得名。桃果象征长寿，故制桃粿反映祈福祈寿的愿望。

红曲桃粿主要食材是粘米粉、虾米、糯米等。糯米是一种温和的滋补品，有补虚、补血、健脾暖胃的作用，而红曲米性温，味甘，有健脾消食、活血化瘀等功效。

烹调方法

蒸（炊）法、煎（烙）法

风味特点

乡土味浓，吉祥桃形，质感软糯，口味鲜香

○○ 原 材 料 ○○

皮 料 粘米粉100克，淀粉15克，澄面20克，猪油3克，红曲米5克，白砂糖5克

馅 料 糯米600克，猪肉200克，虾米25克，湿冬菇25克，花生碎100克，芹菜珠50克，玉米油150克，鱼露30克，鸡精10克，芝麻油10克，胡椒粉2克

工艺流程

1 皮料制作

● 粘米粉和淀粉、澄面拌匀，清水加入猪油、白砂糖、红曲米煮沸后倒入粉内铲熟。

2 馅料制作

● 糯米浸泡后加水，滴上玉米油，蒸熟成饭，放凉待用。

● 虾米和湿冬菇切粒下锅爆香，猪肉切粒后腌制下锅炒熟与虾米、冬菇拌匀，加入胡椒粉、花生碎、芹菜珠和糯米饭拌匀，再加入调味料便成为馅料。

3 成形与成熟

● 粘米粉皮分成小件，擀成薄皮包入米饭成三角形，入粿模成形，上蒸笼蒸熟后取出。

● 平底锅中抹油，将红曲桃粿煎至上色即可食用。

知识拓展

凡时年八节，几乎家家户户都要做红曲桃粿，做好后要先放在祖宗灵位前祭拜，再蒸或煎食用。

技术关键

1. 水量要准确，皮的软硬度要合适。
2. 收口要收紧，印模时要注意力道，确保花纹的美观。
3. 根据气温掌握制作时间，气温低，面团的表皮易风干，要保湿。
4. 造型大小要均匀，馅料与皮的比例要准确。

炊鱼蓉小米

名点故事

小米为源于"烧卖"的一种小食。鱼蓉小米因其口味独特，备受人们喜爱。

烹调方法

蒸（炊）法

风味特点

鱼香味浓，皮白爽滑

知识拓展

用小米皮包上其他馅料，如鲜肉和虾肉，可制成潮汕小米。

○·○ 原 材 料 ○·○

皮 料　淀粉75克，精面粉75克，鸡蛋液38克

馅 料　鱼蓉500克

工艺流程

1　面粉过筛，放入鸡蛋液拌匀，搓成面团，揉成长条状，然后切成40粒，再用木制小米槌碾成薄圆片（在碾皮时要用淀粉垫底），把全部碾完后分成四叠再槌成菊花状（即皮边薄，中间稍厚），便成小米皮。

2　已制作好的鱼蓉做馅料，每份15克。

3　小米皮分别包上15克的鱼蓉，做成樽枳形（即底面平，正身稍收腰状）小米胚，放入已扫油的不锈钢筛上，用猛火蒸7分钟即成。

技术关键

1. 注意将小米皮碾成皮边薄、中间稍厚的菊花状。
2. 炊鱼蓉小米的火候控制。

潮汕肠粉

名点故事

北方喜面，南方喜米，肠粉就是一个代表作。潮汕肠粉采用抽屉式拉肠，料足分量大，粿皮柔糯，馅料丰富，酱汁咸甜相结合，不仅为本地人所喜爱，在外地也是脍炙人口。简单的一条肠粉就能领会潮汕地区菜肴点心的调和之道与精细之法。

烹调方法

蒸（炊）法

风味特点

香飘四溢，质感细腻、润滑

知识拓展

汕头肠粉喜用萝卜干搭配特制酱油，潮州肠粉喜淋上满满的芝麻花生酱，揭阳肠粉则喜用卤汁代替酱油让酱汁味道更为浓郁。

○○ 原 材 料 ○○

皮　料 粘米粉1300克，玉米淀粉50克，澄面80克

馅　料 瘦肉碎40克，肥肉碎10克，鸡蛋1个，虾肉40克，生菜15克，葱花5克，萝卜干碎10克，蒜头油25克，酱油20克

工艺流程

1 **皮料制作**
   - 粘米粉与玉米淀粉、澄面混合均匀，分次加入清水拌匀调成粉浆待用。

2 **馅料制作**
   - 肉碎加水、盐、糖、油混合腌制。
   - 取一小碗，打入鸡蛋，加入肉碎与虾肉，拌匀待用。

3 **成形与成熟**
   - 铜盘抹油，淋上薄薄的一层粉浆，大火蒸2分钟后淋上馅料，蒸2分钟后撒上葱花、放上生菜，再蒸1分钟。
   - 肠粉用大刮板卷起后装盘，撒上炒过的萝卜干碎，淋上蒜头油和酱油即可。

技术关键

1. 蒸肠粉皮时粉浆不要加太多，否则皮太厚，会影响质感。
2. 馅料可以用牛肉或鸡肉替换，加入时要铺开成薄薄的一层。以上馅料是每条肠粉的分量。

揭阳韭菜粿

名点故事

揭阳韭菜粿，是以大米制成的皮类、以韭菜为馅料制成的，呈圆形，成品白里透绿，是揭阳的一道知名小吃。

烹调方法

蒸（炊）法

风味特点

碧玉色，味浓香，有田园风味

知识拓展

由大米制成的米皮，包上不同的馅料，可制成不同的粿品，如高丽菜粿、虾米笋粿等。

。○ 原 材 料 ○。

皮 料　大米粉150克，糯米粉75克，玉米淀粉75克，清水约300克

馅 料　韭菜1500克，虾米50克，花生油75克，精盐15克，鸡粉15克，味精7克，胡椒粉2克，芝麻油5克

工艺流程

1　韭菜浸洗干净，捞干水分切成细粒待用。虾米浸洗干净，切成虾米碎待用。用不锈钢盆把已切好的韭菜和虾米碎盛入，先放花生油搅拌均匀，再加入大米粉、糯米、玉米淀粉、精盐、味精、鸡粉、胡椒粉搅拌均匀，加入清水、芝麻油搅拌均匀，最后放进已扫过油的九寸不锈钢方盆，用手抹平待蒸。

2　制好的菜粿胚放在蒸笼，用猛火蒸约15分钟即熟。食用时以红辣椒酱佐食。

技术关键

1. 韭菜浸洗干净，一定要捞干水分。
2. 蒸韭菜粿的火候控制及时间控制。

鼠粬粿

名点故事

潮汕粿品制作技艺有500年以上的历史，时年八节常用祭祀粿品中鼠粬粿是非常具有代表性的粿品之一。

春节前，潮汕人民总是要采摘鼠粬草用来制作祭拜神明和祖先的鼠粬粿。

鼠粬草作为食俗使用最早出现在梁代宗懔的《荆楚岁时记》中："是日（三月初三），取鼠粬菜汁做羹，以蜜和粉，谓之在舌样，以厌时气。"可见，自古时候起，鼠粬草便是一种具有食疗作用的草药兼食材。

烹调方法

蒸（炊）法

风味特点

造型美观，鲜爽湿润

。○ 原 材 料 ○。

皮 料 糯米粉500克，鼠粬绒75克，番薯（净）250克，白砂糖100克，花生油50克，清水250克

馅 料 绿豆沙馅1800克

工艺流程

1 鼠粬绒同清水一起煮滚，熬至鼠粬绒烂，趁鼠粬绒热时，加入糯米粉，用木槌搅拌，加入白砂糖，用木槌再搅拌均匀。番薯用刀切成薄片，放进蒸笼蒸熟，趁热用刀在砧板上压烂，后加入已搅拌好的鼠粬糯米粉团中，一起搓揉，淋上花生油揉至均匀，便成鼠粬粿皮。

2 鼠粬粿皮分成40份，绿豆沙馅也分成40份，每份粿皮用糯米粉垫手，用手压成薄圆形，包上一份绿豆沙馅，先做成椭圆状，但两端要一大一小。然后用桃粿印模做成桃粿状，分别放在已扫上花生油的有孔不锈钢蒸盘上，放入蒸笼中火蒸5分钟即熟。

3 食用时，将不粘平面鼎洗净，放少量花生油，用中慢火煎至两面金黄色即可。

技术关键

1. 鼠粬草要彻底洗净，不要有泥沙残留。
2. 煮鼠粬草时加入苏打有助判断其是否已熟烂。
3. 蒸制时不可时间过长，否则影响造型。

知识拓展

鼠粬草植物正名应是鼠麴草，又名佛耳草、鼠耳草、田艾、清明菜和菠菠草，为菊科鼠麴草属植物。鼠麴草茎叶入药，为镇咳、祛痰、治气喘和支气管炎及非传染性溃疡、创伤之寻常用药，内服还有降血压疗效。

鼠粬粿在潮汕地区因口音不同，又称为鼠壳粿、茨壳粿等。因地方差异，此款粿品的馅料可咸可甜，可荤可素，是一款较为百搭的粿品。

五彩水晶球

名点故事

水晶球为潮汕特色小食之一，外皮采用淀粉调制，特别通透，口味则有咸有甜，有时也以时令果蔬作为馅料，是一年中较为常见的小食。

烹调方法

蒸（炊）法

风味特点

五彩色透彻，皮爽馅香嫩

技术关键

水量要准确，淀粉浆不可过稠或过稀。

知识拓展

水晶球的馅料还有甜馅料，一般使用的是甜豆沙或甜芋泥，吃起来清甜可口。

○○ 原 材 料 ○○

| 皮 料 | 淀粉70克，精白薯粉280克，清水700克 |
| 馅 料 | 瘦肉100克，鲜虾肉50克，肥肉50克，笋肉100克，胡萝卜100克，韭菜100克，湿冬菇50克，鱼露15克，味精5克，花生油50克，芝麻油5克，胡椒粉0.2克，玉米淀粉10克 |

工艺流程

1 薯粉和淀粉一起拌匀，用200克清水浸透，搅拌均匀，勿有生粒。不锈钢锅装上500克清水，煮滚，冲入粉浆内用木槌搅拌均匀，盖密待用，便成水晶球皮。

2 瘦肉、肥肉、鲜虾肉、笋肉、胡萝卜、韭菜、湿冬菇分别切成细粒，再把瘦肉、肥肉分别调上味料。炒鼎洗净，放进清水煮滚，再将笋肉、胡萝卜分别放入滚水里煮熟，捞起待用。烧热鼎，放花生油，先将冬菇炒香，然后把瘦肉、肥肉、鲜虾肉炒熟后，再投入笋粒、胡萝卜、韭菜、冬菇调上鱼露、味精、胡椒粉，用玉米淀粉调水勾芡，最后加入芝麻油搅拌均匀，盛在盘间便成馅料。

3 水晶球皮分成30粒，馅料分成30份。用淀粉垫手，用手把水晶球皮压成薄圆形，包上一份馅料，做成圆球形，放在已扫好油的不锈钢蒸盘上，喷上清水，放进蒸笼内蒸3分钟，取出，盛于盘间，扫上熟花生油即成五彩水晶球。

潮阳肉丸仔

名点故事

潮阳肉丸仔可切成薄件用油煎制后食用，也有切件后用大白菜、豆粉丝、猪肉一起煮。

烹调方法

蒸（炊）法

风味特点

软润嫩滑，乡间风味

知识拓展

潮阳肉丸仔，是潮阳人节日喜爱的食物之一，加上各自喜爱的材料，可制成各种不同的风味。

○ ○ 原 材 料 ○ ○

主副料 豆腐20块，番薯粉400克，肥肉150克，豆豉50克，虾米30克

调味料 鱼露50克，味精5克，鸡粉5克，胡椒粉2克，芝麻油30克

工艺流程

1 豆腐放在砧板上用刀压成泥，肥肉切成细粒，虾米浸洗干净用刀剁成蓉，豆豉用刀压烂待用。

2 已压成泥的豆腐放入不锈钢盆内，加入鱼露、味精、胡椒粉、鸡粉搅拌均匀，再加入番薯粉搓至粉粒全部溶化，再加入肥肉粒、豆豉、芝麻油、虾米蓉搅拌均匀，然后分成方块，做成6条长圆条，排放在已扫上花生油的不锈钢盘上，放进蒸笼蒸15分钟便熟，取出即可。

技术关键

1. 豆腐用刀压成泥，其他配料也同样处理成蓉。
2. 放进蒸笼蒸的火候和时间。

姜薯白兔

名点故事

潮汕姜薯长得跟生姜相似，质感又如番薯，故名姜薯。潮汕人把姜薯做成很多风味的点心品种，利用它特有的色泽、质地、气味，制成姜薯白兔，成品颇能吸引眼球。

烹调方法

蒸（炊）法

风味特点

形状美观，清甜香嫩

技术关键

1. 姜薯蒸熟后要趁热倒在砧板上用刀压烂。
2. 小白兔造型逼真，蒸时要注意时间。

知识拓展

可将蒸熟压烂的姜薯做成其他外表呈白色的动物形状。

○。○ ⑴ 材 料 ○。○

皮 料 刨皮净姜薯1200克，白砂糖粉100克，鸡蛋白100克，熟猪油100克，红色樱桃4粒

馅 料 冬瓜片200克，白砂糖粉300克，榄仁50克，芝麻仁30克，瓜子仁30克，糕粉90克，橙糕5克，花生油20克，清水50克

工艺流程

1 姜薯用刀切片后放在不锈钢蒸盘上，放入蒸笼用猛火蒸15分钟预熟，趁热倒在砧板上用刀压烂，不能有生粒。然后加入白砂糖粉、鸡蛋白、熟猪油一起搅揉至纯滑状便成姜薯皮。

2 冬瓜片剁成蓉，榄仁和瓜子仁分别炸过捞干油，用刀切碎，芝麻仁炒香。然后把冬瓜片蓉、白砂糖粉、清水放在一起搅拌，再加入榄仁、瓜子仁、芝麻仁、橙糕、花生油搅拌均匀，最后加入糕粉拌均匀便成水晶馅。

3 姜薯皮分成50份，水晶馅分成50份。姜薯皮用手压薄，包上水晶馅一份，搓成一头圆一头尖，在尖的一头用剪刀剪成两边，用手指压在圆的一头上便成兔耳，再用两指稍压便成小白兔的头部，将红樱桃剪成50粒，在兔的头两边各点上一粒樱桃便成兔眼。放在不锈钢蒸盘上，放进蒸笼蒸4分钟即取出盛在碟上，淋上清糖油即成。

（二）煎（烙）

葱香落汤钱

名点故事

落汤钱是潮汕民间每年农历七月半时每家每户都要做的粿，也称为钱仔粿。

烹调方法

煎（烙）法

风味特点

甜滋软柔，葱香味浓

知识拓展

葱香落汤钱是民间土特产。

技术关键

1. 糯米粉同清水混合搓成湿粉团，质地要恰到好处。
2. 落汤钱在滚水锅中煮，要用中火煮到熟透。

°○ 原 材 料 ○°

皮 料 糯米粉1000克，白砂糖粉600克，清水500克

馅 料 花生仁150克，白芝麻仁80克，葱珠油200克

工艺流程

1 糯米粉同清水混合搓成湿粉团，锅中放入清水煮滚，把湿粉团分成8块，揉成圆球状，用手压薄成薄圆饼形，用手指在中间压一个小孔，分别放入滚水锅煮至熟透，捞起，放进瓷盆内，用木槌搅拌均匀，再用一个平鼎放进葱珠油抹匀，把已搅匀的糯米圆倒在鼎内抹平，再将粘有葱珠油的翻转作为面，用慢火保温。

2 花生仁、白芝麻仁分别炒熟、炒香，然后先将花生仁去膜，碾成细碎粒，熟芝麻仁碾破，同白砂糖粉一起拌均匀，用瓷器盛着待用。

3 食用时，将保温糯米圆，捏成小粒，稍压薄像铜钱般，分别酿上芝麻等，排在碟上，即可食用。

香煎咸菜饺

名点故事

咸菜是采用潮汕地区的大芥菜腌制而成的。咸菜特点是爽脆，咸中带微酸，加上肥猪肉的香润做成馅料，质感更加香醇。经蒸熟再煎别具风味。

烹调方法

煎（烙）法

风味特点

皮松软滑香，馅香醇爽滑

技术关键

1. 面团用手压实，再搓揉，注意柔软程度。
2. 圆形饺皮要用饺槌碾成中间厚、四周薄。

知识拓展

咸菜也可加肉碎、米饭，炒成咸菜饭。

皮 料 面粉400克，澄面25克，淀粉40克，清水275克

馅 料 咸菜650克，肥肉150克，姜米75克，味精5克，白砂糖10克，花生油50克，芝麻油10克

工艺流程

1 面粉、澄面、淀粉混合，用细筛筛过，加清水搅拌均匀，用手压实，再搓成柔软的面团，用湿布盖密静置10分钟，待用。

2 咸菜洗净，切成细粒，压干水分放进汤盆，肥肉剁碎后放进汤盆，同时把姜米、味精、白砂糖、芝麻油放入，搅拌均匀，便成饺馅。

3 搓好的面团压实，分成50粒，（另用面粉100克作垫底用），用手压扁，用饺槌碾成中间厚、四周薄的圆形饺皮，包上馅料，做成梳形饺，便成饺胚。将饺胚排好放在已扫油的不锈钢盘中，用猛火蒸7分钟，取出待用。

4 不粘平面鼎放在炉上稍烧热，加入少量花生油，放入已蒸熟的饺。用中火煎至底面呈金黄色即成。

浮膀饺

名点故事

浮膀饺在潮汕街头非常出名，从汕头小公园一带起源，安平路雷记饼食较为出名。膀饺不同一般饺子，个头有手掌般大小。

烹调方法

炸（浮）法

风味特点

外皮酥脆，馅料咸香

知识拓展

现炸的膀饺，稍微凉却，趁热吃才能品尝出最美的味道。

○。(原)(材)(料)。○

| 皮 料 | 中筋面粉500克，猪油100克，开水200克 |
| 馅 料 | 猪瘦肉300克，湿冬菇50克，板栗150克，香葱20克，精盐5克，五香粉5克，味精4克，芝麻油3克 |

工艺流程

1 面粉与猪油混合均匀，开水烫面，揉至面团软滑，待用。

2 冬菇、板栗切小块，炒熟，香葱切珠，瘦肉切指甲片，加入调味料稍腌制后与板栗、冬菇、香葱珠拌匀成馅料待用。

3 面团分小份，擀成圆形，包上馅料，对折成半圆形，锁边。烧鼎下油，炸6~8分钟，外皮金黄色即成。

技术关键

1. 面粉要与猪油充分混合才可加入开水。
2. 馅料中冬菇、板栗、香葱不可切得过细，要与瘦肉大小匹配。

荷兰薯粿

名点故事

潮汕人把马铃薯叫作荷兰薯，用荷兰薯做出来的粿便称为荷兰薯粿。荷兰薯粿是汕头人每逢过节必备的一种应节食品。

烹调方法

煎（烙）法

风味特点

外酥内脆

知识拓展

"荷兰薯"这一称呼常见于闽粤一带和台湾地区，最早的记载是《美洲作物的引进、传播及其对中国粮食生产的影响》。

○○ **原 材 料** ○○

主副料 马铃薯3000克，淀粉500克，澄面250克，玉米淀粉200克，肥肉400克

调味料 味精10克，精盐10克，鸡粉30克，白砂糖50克，咖喱粉25克，芝麻油20克

工艺流程

1 马铃薯洗净切片，放进蒸笼蒸30分钟；肥肉切成细粒；淀粉、澄面、玉米淀粉混合后用细筛筛过，待用。

2 马铃薯片趁热与已筛过的粉和咖喱粉、鸡粉一起放入汤盆，用木槌棒擂打，使粉趁热半糊化，再加入味精、精盐、白砂糖、肥肉粒、芝麻油，搅拌均匀，倒入已扫过油的方盘，压实、压平，放进蒸笼蒸30分钟即成马铃薯糕。

3 马铃薯糕冷却，切条再切片，烧鼎下油，放入切好的马铃薯糕煎至两面金黄即成。

技术关键

1. 土豆不用压得太过细腻，有颗粒感吃起来才有质感。
2. 做好的得等晾凉才可取出，否则会粘底。

揭阳菜钱粿

名点故事

揭阳人很会做粿，他们非常勤劳和智慧，在很早以前就能把自家种植的蔬菜，如白菜、高丽菜等加肉料或配料，调成馅料，或者直接加些薯粉做成产品，并把这些已调好味的馅料，用大米和糯米或是用薯粉制成皮，再包上菜馅，做成粿类。

烹调方法

煎（烙）法

风味特点

色碧绿，味浓香

技术关键

菜钱粿胚放入蒸笼，要用猛火蒸。

。○ 原 材 料 ○。

主副料 韭菜1500克，淀粉150克，澄面75克，玉米淀粉75克，虾米50克，清水300克

调味料 花生油75克，精盐15克，鸡粉15克，味精7克，胡椒粉2克，芝麻油5克

工艺流程

1　韭菜洗净，沥干水分切细粒待用；虾米洗净，切成虾米碎待用。韭菜粒和虾米碎盛入盆中，先加入花生油搅拌均匀，再加入淀粉、澄面、玉米淀粉、精盐、味精、鸡粉、胡椒粉搅拌均匀，最后加入清水、芝麻油搅拌均匀，放进已扫油的不锈钢盘，用手抹平待蒸。

2　菜钱粿胚放入蒸笼，猛火蒸约8分钟，取出待冷却。冷却后的菜钱粿倒出，放在案板上切成"日"字形片状，烧鼎下油，放入切好的菜钱粿煎至两面金黄即成。

知识拓展

同样的米皮，也可包上韭菜馅、高丽菜馅等，制成不同的粿类。

煎高丽菜粿

三、潮式地方风味点心

名点故事

揭阳人利用自己的聪明才智，把高丽菜（卷心菜）加上肉料，进行调味，制成馅料，煎制后质感鲜香。

烹调方法

煎（烙）法

风味特点

皮脆馅鲜香

技术关键

1. 高丽菜用刀剁碎后，要压干水分。
2. 控制好成品放进蒸笼蒸的时间。

知识拓展

包上不同蔬菜，呈现不同品味。

○○ 原 材 料 ○○

皮 料 淀粉20克，粘米粉400克，澄面50克，糯米粉80克，花生油25克，白砂糖30克，清水480克

馅 料 高丽菜1000克，肥肉150克，虾米50克，精盐15克，味精5克，鸡粉5克，胡椒粉1克，芝麻油15克

工艺流程

1 高丽菜洗净，滚水煮过，捞起，冷水漂，晾干水分，剁碎（不要剁得太烂），压干水分待用。肥肉切成小块，再剁成肉蓉待用。虾米浸洗干净，剁成虾米碎。

2 高丽菜、肥肉、虾米、精盐、味精、鸡粉、胡椒粉一起放入盆内拌均匀，加入芝麻油再搅拌均匀便成为高丽菜馅。另把粘米粉、淀粉、澄面、糯米粉一起拌匀，用细筛筛过，盛入盆内，加入清水和白砂糖，用木槌快速地搅拌均匀，搓成粿胚团，最后加入花生油再搓至柔软待用。

3 粿胚团分成50粒制成粿皮，再做成窝形，包上菜馅一份，包成圆球形稍压扁，放进蒸笼蒸4分钟即成。

4 烧鼎下油，放入高丽菜粿煎至两面金黄即成。

煎南瓜烙

名点故事

烙这种烹调方法比较简单易学，一般是用慢火或微火，烙的工具可以是平鼎或者炒鼎。南瓜烙是用南瓜和肉料混合搅拌，由生料直接烙成成品，成品松而脆。

烹调方法

煎（烙）法

风味特点

松软带脆，香甜相映

知识拓展

也可以制作秋瓜烙、菜头烙等。

○○ (原)(材)(料) ○○

主副料 南瓜250克，糖冬瓜片50克，芝麻仁5克，淀粉75克，澄面25克，芹菜末10克，花生仁75克

工艺流程

1 南瓜切成丝，糖冬瓜片也切成丝，芝麻仁炒香，花生仁炒熟后脱去膜，碾碎待用。把已切丝的南瓜盛入大碗，放进淀粉、澄面搅拌均匀（如果比较干，可喷少许清水，但不能太湿）。

2 炒鼎洗净烧热，放入少量花生油，然后把拌匀的南瓜丝均匀地摊放在鼎内，再撒上糖冬瓜丝。先边煎边转动鼎，煎至贴鼎部分已定型时，便逐渐加入花生油，加至花生油没过南瓜丝为止，用中火半煎炸，炸至完全定型时把鼎内的花生油滤掉，再在鼎内稍煎，撒上花生仁碎、芝麻仁、芹菜末，切块盛在盆中即成。

技术关键

1. 南瓜及其他配料都切成丝状，形状相同。
2. 注意火候控制。

煎马蹄烙

名点故事

煎可以把肉类中的水分煎干，烙则须带有淀粉的物质和果蔬类的物质。马蹄烙是比较典型的小吃，清爽，质感酥脆，具独特口味。

烹调方法

煎（烙）法

风味特点

清香甜滋，爽而柔软

知识拓展

直接从生料煎烙成熟的还有嫩姜烙等。

原 材 料

馅　料　净马蹄肉250克，糖冬瓜片50克，芝麻仁5克，淀粉75克，澄面25克，花生仁75克，芫荽60克，清水50克

工艺流程

1 马蹄肉洗净，切成细条，盛入碗内，加入淀粉、澄面、清水搅拌均匀待用。芝麻仁炒香，花生仁炒熟后脱去膜碾碎。糖冬瓜片切丝，同芝麻仁、花生仁碎一起放进盛有马蹄丝的碗内，搅拌均匀待用。

2 炒鼎洗净，烧热放进少量花生油，将已调好的马蹄丝浆倒入鼎内，摊平，用慢火煎，边煎边加少许花生油，煎至一面稍熟并定型时翻转另一面再煎，煎至熟透即成，盛上碟时配上芫荽叶。

技术关键

1. 马蹄一定要切成细丝。
2. 注意控制火候。

煎糯米鸡

名点故事

糯米是潮汕地区盛产的糯稻脱壳的米，营养丰富，含有多种维生素，具有滋补的作用。糯米鸡是潮汕传统小吃之一，是温和的补养食物。

烹调方法

蒸（炊）法、煎（浮）法

风味特点

色泽呈金黄色，形状美观，外润糯，内香醇

技术关键

1. 蒸糯米饭要掌握好水量和火候。
2. 煎制时要掌握好火候，否则会煎焦或变形。

知识拓展

也可制作糯米油椎、八宝糯米饭。

◦○ **原 材 料** ○◦

皮 料 糯米500克，清水500克，花生油50克，精盐5克，味精3克，白砂糖5克，五香粉0.5克，芝麻油2克

馅 料 鸡胸肉500克，肥肉20克，笋肉或马蹄肉20克，湿冬菇10克，鱼露10克，精盐3克，白砂糖5克，胡椒粉0.2克，葱白5克，淀粉5克

工艺流程

1 糯米洗净，加入清水蒸成糯米饭，然后加入调味料搅成糯米鸡皮待用。

2 鸡胸肉、肥肉、冬菇、笋肉或马蹄肉分别切成细粒，调味待用。

3 炒鼎烧热，放入少许花生油，把已调味好的鸡胸肉、肥肉、冬菇、笋肉分别炒熟炒香，再放入葱白，勾芡，上碟待用。

4 已调好的糯米鸡皮分成24块，分别压扁后包上馅料，再包成圆球状，然后稍压扁成饼状。

5 鸡蛋液扫均匀，平面鼎烧热，放进少量花生油，再把已包好的糯米鸡醮上鸡蛋液，放在鼎内煎，用中、慢火煎至两面金黄色即成。

麦粿

名点故事

麦粿是过去农家较为喜欢的一种小食，既可作为主食，也可作为点心食用。制作比较简单，但花样较多，根据不同的烙法，采用的工具也有所不同。

烹调方法

煎（烙）法

风味特点

软润甜滋，麦香味浓郁

技术关键

1. 要选用燕麦粉，不可用麦麸粉。
2. 瓜丁跟红糖的比例可根据个人口味调整。
3. 面糊不可过稀，否则不易成型。

知识拓展

麦粿属于粗粮，有健胃之功效，男女老少皆宜，吃后对于身体健康有益处。

○∘ 原 材 料 ∘○

皮　料　麦粉500克，泡打粉15克，白砂糖100克，清水500克

馅　料　花生20克，乌豆沙150克，橘饼2块，糖冬瓜片100克，芝麻仁10克，芫荽叶20片

工艺流程

1 麦粉盛入汤盆，加入白砂糖、清水一起搅拌成浆，待静置20分钟，使白砂糖溶解待用。乌豆沙分成20块，用手压薄待用，橘饼、糖冬瓜片分别切成40条待用。

2 麦粉浆用匙羹搅均匀，再加入泡打粉搅均匀待用。平面鼎洗净，用微火烧热，麦粉浆用匙羹勾在平面鼎内，把每块乌豆沙分别放在麦粉浆上，在每份麦粉浆上面分别放上1块乌豆沙、2条柿饼、2条糖冬瓜片条，再放入1片芫荽叶，再撒上几粒芝麻仁，待一面煎烙至金黄色时翻面煎烙，至两面呈金黄色即可。

煎秋瓜烙

名点故事

秋瓜（丝瓜）是潮汕地区夏季特色蔬果之一。煎秋瓜烙也是当地人们喜欢的时令蔬果烙，瓜香味浓。

烹调方法

煎（烙）法

风味特点

清鲜软滑，甜滋醇香

知识拓展

该品种的制作方式，也可以南瓜为主料，制作南瓜烙。

° ○ 原 材 料 ○ °

主副料 秋瓜500克，冬菜5克，淀粉150克，澄面40克

调味料 鱼露8克，味精5克，芝麻油3克，花生油75克

工艺流程

1 冬菜剁成蓉，秋瓜刨皮洗净，放在砧板上切成条状用汤盆盛着，放鱼露、味精，搅拌均匀，静置，让其分泌出汁来，再加入淀粉、澄面、冬菜蓉、芝麻油。葱洗净切成葱珠，同时投入盆内一起搅拌均匀便成秋瓜烙浆。

2 不粘平面鼎洗净烧热，加入花生油。然后把秋瓜烙浆倒入稍搅匀，使其糊化，再抹平，用中慢火煎烙，煎至两面稍呈金黄色、熟透即成。

技术关键

1. 冬菜要剁成蓉，才能让秋瓜充分吸收。
2. 用中慢火煎烙。

菜头粿

名点故事

菜头是白萝卜在潮汕地区的称谓。菜头粿，是一道潮汕地区的特色小吃，菜头也有好彩头的意思，每逢过年过节家家都会制作。

烹调方法

煎（烙）法

风味特点

清香软滑，田园风味

技术关键

1. 萝卜丝要拧干水分。
2. 蒸的时间控制与煎的火候控制。

知识拓展

同样由成型品种再煎或烙的还有荷兰薯粿、芋粿等。

○ ○ （原）（材）（料）○ ○

主副料 粘米粉500克，去皮白萝卜2500克，淀粉100克，玉米淀粉100克，鲜蒜250克，芹菜150克，半肥瘦肉250克，清水约1300克

调味料 精盐50克，白砂糖60克，味精10克，鸡粉12克，熟猪油100克，胡椒粉7.5克，花生油50克

工艺流程

1. 萝卜洗净后刨成丝。半肥瘦肉切成细丁状，鲜蒜、芹菜洗净，分别切成细粒。鲜蒜用猪油炒香待用。

2. 不锈钢鼎洗净烧热放进花生油，倒入已刨好的萝卜丝，用鼎铲炒至出水，并有热能时把粘米粉逐渐加入，边加入边翻炒均匀，另将清水同淀粉、玉米淀粉一起搅拌成稀浆，徐徐加入鼎内，边加边搅拌。把鼎吊离火位。再加入精盐、白砂糖、味精、鸡粉、胡椒粉、肉丁、芹菜粒和已炒好的鲜蒜一起搅拌均匀。然后盛入已扫好花生油的九寸不锈钢方盘，抹平放在蒸笼蒸60分钟熟透，取出候冷却，将已冷却的菜头粿用刀开成6条，再切成片待用。

3. 平面不粘鼎洗净，烧热，放少量花生油，待油热时将菜头粿逐片放入，煎至两面金黄色即成。食用时可配上红辣椒酱。

墨斗卵粿

主副料 墨斗卵500克，蛋清1个，淀粉30克

调味料 精盐5克，鱼露5克，味精3克，白砂糖5克

名点故事

达濠是潮汕的四大古镇之一，《潮阳县志》中记载，东晋隆安元年（公元397年）便已有人家在达濠以煮盐捕鱼为生。达濠人大都是以讨海为生，基本以海货为地方食材，墨斗卵粿便是其一。墨斗即乌贼。潮汕地区说的墨斗卵是指与墨斗的墨囊相连的，一些色泽乳白、形状多样的内脏，实际是雌雄两种墨斗生殖腺的混合物。雌性墨斗在产卵时，卵腺会同时分泌很多腺液将卵粒缠绕起来黏结成串，使卵串附着于海藻或珊瑚上。因此，在乌贼产卵的季节，其腹腔往往都塞满了卵。

工艺流程

1 墨斗卵清洗干净，晾干待用。

2 墨斗卵加入精盐放进搅拌器中搅拌均匀后，加入蛋清、淀粉搅至胶状后倒入铁盆中摔打至起胶。

3 打好的墨斗卵胶切小块，放入平底锅中煎至两面金黄即可。

4 煎好的墨斗卵粿撒上胡椒粉即可食用。

技术关键

1. 墨斗卵胶韧性很好，可伸拉很长，一次下锅太多、难熟，按照锅的大小每次2~4小块。

2. 煎的时候注意火不要开得太大，煎的时候要用锅铲用力压下去，两面煎成金黄色就可装盘。

知识拓展

煎好的墨斗卵粿食用时可蘸上红辣椒酱或甜橘油。

烹调方法

煎（烙）法

风味特点

鲜香软嫩

煎芋头粿

名点故事

潮汕地区盛产芋头，出名的有汕头的葛洲芋、蜈田芋，潮州的横洋芋，揭阳的东寮芋、占溪湖下芋，潮阳的新乡芋，饶平古楼山芋，普宁水吼村芋等。潮汕人能把芋头玩出多个花样，做出多种美食。芋头粿是用芋头切成丁或丝，加调料同米浆或面粉搅拌，直接蒸好切块或油炸制成的一种食品。

烹调方法

煎（烙）法

风味特点

味道香浓，质感黏粉

○ ○ （原）（材）（料）○ ○ ·

| 主副料 | 净芋头肉2000克，粘米粉500克，淀粉200克，玉米淀粉100克，清水约1200克 |
| 调味料 | 精盐50克，白砂糖50克，五香粉3克，胡椒粉6克，鸡粉10克，花生油100克，芝麻油15克，金不换叶6克 |

工艺流程

1 芋头洗净切成片，放进蒸笼内用猛火蒸熟。蒸熟的芋头片趁热倒入盆内，加入粘米粉、淀粉、玉米淀粉用木槌边搅边槌，搅至芋头与粉类基本混合，然后加入精盐、白砂糖、五香粉、胡椒粉、鸡粉，再搅拌均匀，再将清水逐渐加入，边加边搅拌，加至清水完毕为止。金不换叶洗净剁碎，加入盆内，同时把花生油、芝麻油加入一起搅拌均匀待用。

2 用九寸不锈钢方盘一个，扫上花生油，将搅好的芋头浆倒入方盘内，抹平，放进蒸笼内用猛火蒸60分钟，熟后取出，待冷却后倒在案板

知识拓展

潮汕人逢年过节祭拜的食品种类多种多样，一开始使用的为蒸芋头，但祭拜过后，芋头不好存放，食用起来又不免有些寡淡，喜用各种植物搭配米面来做粿的潮汕人，便用芋头作为主要原料，做出了很多美食，芋头粿便是从这里衍生出来的，还有返沙芋、糕烧芋、芋泥白果等。

上，然后先开成6条，再切成厚片待用。

3 平面鼎洗净，烧热，放入少量花生油，然后把切好的芋头粿逐片放进鼎内煎，煎至两面呈金黄色即成。

技术关键

1. 芋头要选用当季粉质多的。
2. 刨丝不可太细。
3. 粘米粉每次加入都要拌匀才可再次加入。
4. 芋头粿一定要完全放凉才可以切制。

煎淡菜烙

主副料 淡菜肉（青口肉）500克，蒜头75克，薯粉50克，澄面50克，淀粉50克，清水100克

调味料 鱼露20克，味精5克，胡椒粉1克，芝麻油3克，花生油100克，芫荽叶10克

名点故事

潮汕沿海地区盛产海产品，淡菜是其中之一。聪明智慧的潮汕人采用淡菜拌上薯粉，进行调味，煎烙成淡菜烙，充满海鲜的味道。

工艺流程

1 淡菜肉漂洗干净，蒜头剁成蓉待用。炒鼎洗净放入清水，待水滚时将淡菜放进煮过即捞起，盛在大碗里，先加入淀粉拌匀。炒鼎洗净烧热，放进少量花生油，投蒜蓉爆炒过，倒起，放入淡菜里加入鱼露、味精、胡椒粉、芝麻油、薯粉、澄面和100克清水搅拌均匀待用。

烹调方法

煎（烙）法

风味特点

酥脆嫩润，清鲜香醇

2 炒鼎或平面鼎洗净烧热，放少量花生油，把已调好味的淡菜浆倒入鼎内，用鼎铲先搅炒至半糊化，再用鼎铲抹压成薄圆形，加入花生油煎，煎至一面呈金黄色，翻转另一面再煎至金黄色便成。盛装在碟间，放上芫荽叶即成。食用时可配上红辣椒酱。

技术关键

1. 淡菜放进滚水中煮过，即捞起。
2. 煎的过程中，要用鼎铲先搅炒至半糊化，再用鼎铲抹压成薄圆形，再翻转。

知识拓展

海鲜味清鲜，还可采用当地的蚝，制成蚝烙。

三、潮式地方风味点心

（三）炒

炒糕粿

名点故事

炒糕粿是潮汕地区传统名小食之一。潮汕地区对菱形的叫法为"糕粿格"，将粿切为菱形加上肉菜炒食为"炒糕粿"，炒糕粿质感厚实滑嫩，酥脆浓香，与炒粿条有同工异曲之妙。

烹调方法

炒法

风味特点

外酥内嫩，鲜香微甜，色泽金黄鲜艳，香味飘溢，质感咸、甜、香、辣兼备

技术关键

1. 炒糕粿要控制好火候，使糕粿炒至两面金黄即可。
2. 蒸制糕粿时要蒸透。

○○ 原 材 料 ○○

主副料 白米浆500克，冬菇20克，鲜虾肉20克，鸡蛋2个，猪肉50克，芥蓝20克

调味料 鱼露8克，鸡精8克，沙茶酱5克，白砂糖10克，淀粉水5克

工艺流程

1 白米浆放入盘中逐层蒸熟，切成均匀小块待用。

2 猪肉、冬菇、芥蓝切片待用。

3 热鼎下油，将糕粿炒至金黄色后加入白砂糖炒匀，再加入鲜虾肉、猪肉、冬菇、芥蓝等配料炒熟后淋上鸡蛋液，最后加入沙茶酱、鸡精、鱼露、淀粉水炒匀。

知识拓展

炒糕粿一定要用老平底镬。比起平底锅，镬的底部更浅更大，受热均匀不易焦。现在，市面上已很难找到这种传统厨具，唯有专门做糕粿的师傅们才有这口代代相传的老镬。

菜脯炒香饭

名点故事

相信炒香饭家家户户都会做，但做得好是不容易的，特别是在"炒"上要有一番鼎功。菜脯炒香饭具有浓郁的潮汕地方特色。

烹调方法

炒法

风味特点

菜脯香味浓郁

知识拓展

可以炒菜脯粿条。

○ ○ 原 材 料 ○ ○

主副料 已蒸好的白饭1000克，菜脯50克，蒜蓉10克，瘦肉50克，肥肉50克

调味料 味精5克，白砂糖2克，精盐1克，芝麻油2克，胡椒粉0.2克

工艺流程

1 菜脯洗净，剁成细粒，瘦肉和肥肉剁成肉碎。炒鼎烧热，将菜脯和蒜蓉炒香，把肉碎炒熟，待用。

2 白饭先放进鼎内炒，然后放肉碎，调上味料，最后把菜脯碎投入，翻炒即成。

技术关键

1. 菜脯剁成细粒炒热，更能突出菜脯香味。
2. 菜脯、瘦肉和肥肉都剁成与白饭形状、大小一样，炒制均匀。

芥蓝牛肉炒粿条

名点故事

粿条是潮汕地区特有的用米浆蒸熟切成丝的点心，其质感香甜、软嫩，为潮汕人喜欢的主食之一。搭配潮汕地区有名的牛肉一起烹制，可打造出让人念念不忘的口味。

烹调方法

炒法

风味特点

质感软嫩，香气浓郁

知识拓展

牛肉含有丰富的蛋白质，其氨基酸组成比猪肉更接近人体需要，能提高机体免疫力。寒冬食牛肉，有暖胃作用，为寒冬补益佳品。

○○ 原 材 料 ○○

主副料 粿条400克，牛肉100克，芥蓝100克

调味料 鱼露8克，鸡精8克，沙茶酱10克，生抽10克，蚝油10克，淀粉水5克，食用油50克

工艺流程

1. 牛肉切薄片后加点油拌匀，后再加点淀粉水和精盐腌制5分钟。

2. 芥蓝洗净切小段，待用。

3. 热鼎下油，油烧至六成熟后把牛肉倒下去拉油至断生后捞出。

4. 鼎里留油，放入芥蓝炒软后倒入粿条，快速炒散后加入调味料，最后加入牛肉翻炒均匀即可。

技术关键

1. 要控制火候，牛肉拉油至断生就好。

2. 炒粿条要用炒煎，不可过多翻动，以免炒碎。

韭菜豆芽炒面

◦ ○ (原)(材)(料) ○ ◦

主副料 面线300克，食用油50克，韭菜50克，
豆芽20克，胡萝卜20克，湿冬菇2个

调味料 味精4克

名点故事

"长面"与"长命"声韵相
近，为图吉利，农历三月
二十三日是"天后诞"，潮汕
民间食用炒面以纪念天后娘
娘，是朴素的民俗。因此，逢
农历三月二十三日，潮汕地区
家家户户都少不了韭菜豆芽炒
面这道风味点心。

工艺流程

1 面线蒸制后待用。

2 韭菜切段，胡萝卜切丝。

3 鼎烧热后加少量油，爆香冬菇后加入胡萝卜，
炒透后加入面线、韭菜、豆芽，煸炒至熟即
可。

烹调方法

炒法

技术关键

面线烹制前一定要蒸。

知识拓展

配料换为海鲜，则可制作海鲜炒面。

风味特点

韭菜香味、豆芽清香味相结
合，香滑爽润

揭阳南乳汁炒粿条

名点故事

揭阳南乳汁炒粿条，是特有的地方风味。以前，在揭阳西门市外吊桥脚有一个饮食店，专门经营炒素粿条，有炒笋丝粿条、豆芽韭菜炒粿条、南乳炒粿条等。揭阳粿条与其他地方的粿条不一样，粿条的质地偏硬，厨师在炒制时喷上汤水，然后用盖盖密，再加入腐乳和汁调味后盛上。

烹调方法

炒法

风味特点

南乳香味，软滑而富有弹性

原 材 料

主副料 揭阳粿条1000克

调味料 南乳2块，蒜蓉25克，南乳汁25克，芝麻油10克

工艺流程

1 揭阳粿条切成细条状，南乳块、南乳汁、芝麻油一起搅烂成泥待用。

2 炒鼎烧热放少量花生油，把已切好的粿条放入鼎内翻炒，炒到稍焦时将蒜蓉放入再炒，炒至冒香味时倒入南乳汁再翻炒即成。

技术关键

1. 一定要把粿条炒松散。
2. 要掌握好火候，不能炒得过焦，否则影响成品质量。

知识拓展

揭阳粿条质地偏硬，适合炒制其他海鲜粿条，如芥蓝粿条等。

（四）油浸

潮阳鲎粿

○。○ 原 材 料 ○。○

皮 料	白粥1000克，薯粉400克，澄面50克，淀粉50克
馅 料	鲜虾250克，南乳肉碎200克，鱿鱼20克，鹌鹑蛋20粒，湿冬菇20克，精盐3克，味精2克，白砂糖5克
酱 料	沙茶酱50克，花生酱10克，酱油15克，白砂糖10克

名点故事

鲎粿，是潮汕地区独有的特色小食，源于潮阳的棉城。《潮阳县志》记载："潮邑鲎粿乃粉粿中之精品，清康熙年间也以奉客。而粉粿则唐乃有之。"

相传棉城有一家姑无牙，咀嚼不便，以致肚常"生风"。这家人的媳妇，见家姑不会咀嚼正常入食，便用白粥加薯粉制成这种稠而黏的粿品，调入能助消化、祛风的"鲎汁"而做成了现今鲎粿。

旧时环境未受污染，鲎常在沿海滩涂产卵，容易捕捞，古话常说"枭过鲎母"，意思就是捉到母鲎时公鲎就必定相随，捉到公鲎则母的就弃之而去。

工艺流程

1　皮料制作
- 白粥打成米浆与其他主料混合成鲎粿浆。

2　馅料制作
- 鹌鹑蛋煮熟剥壳，虾剥壳成凤尾虾，冬菇、鱿鱼等切碎爆香待用。

3　成形与成熟
- 桃形瓷模内，倒入一层鲎粿浆，填入馅料，再倒入一层鲎粿浆，上笼蒸30分钟，放凉后脱模。
- 取一干净双耳锅，底部垫上竹片，倒入油至锅的2/3处，待油烧热至150℃时将鲎粿投入炸至外皮酥脆。
- 油温调为100℃，将鲎粿置放于油锅中浸泡并保持温度稳定。
- 调味料加清水熬煮成酱料，上碟时淋酱即可。

烹调方法

蒸（炊）法、油浸法

潮式风味点心制作工艺

风味特点

皮油润软滑，搭配酱料食用别具风味

技术关键

1. 要油浸至粿心熟透。
2. 不喜外皮酥脆质感的也可直接将鲎粿置于120℃油锅中浸半小时。

知识拓展

鲎是恐龙时代就存在的生物，盛产于潮阳，是海洋节肢动物，雌雄常在一起，肉可食，也称鲎鱼。在鲎鱼的美食史上，最重要的食法是做成鲎酱。将鲎制酱还有一个客观原因，就是鲎是一种季节性的海产，只有加工成酱之后才能储存。

传统的做法是将磨成浆的冷糜（稀饭）、薯粉、新鲜鲎卵和鲎肉制成的鲎汁搅匀后注入桃形粿模，蒸熟后脱模即成。浸于文火温油中熟透即可，捞起后再淋上鲎酱。但鲎这种海产本身产量不高，加上出肉率不多，不属于常规食材，早在数十年前棉城人所吃的鲎粿已不加鲎酱。

现今，鲎为国家保护动物，鲎粿后来没有加入鲎卵和鲎肉，但这并不代表它的味道已经变化，改用鲜虾和肉，也保留了鲎粿这种鲜香的本味，最后淋上的则是以沙茶酱为主的酱料。

豆沙水晶球

名点故事

豆沙水晶球是潮汕地区知名的传统小吃，是用薯粉作皮，包上豆沙后蒸熟，再经油浸而成，入口爽滑，很受人们喜爱。

烹调方法

蒸（炊）法、油浸法

风味特点

色泽洁白而透明，油润郁香，香甜细腻

技术关键

1. 荠粉要分两次冲入。
2. 蒸前一定要喷上清水冲洗掉淀粉。
3. 水晶球要用中慢火油浸。

知识拓展

馅料依个人喜好，可以为绿豆沙、水晶馅，也可以是咸的馅料。

○○ 原 材 料 ○○

皮 料 雪白薯粉4000克，淀粉1000克
馅 料 豆沙4500克

工艺流程

1 雪白薯粉和淀粉混合均匀，用筛斗筛过，先拨出雪白薯粉2500克，用瓷器盛着，加入清水2500克，搅匀成稀粉浆，再用清水7500克，煮滚，趁滚冲入稀粉浆内，用木棒不断搅拌，搅至有稠度、均匀，用鼎盖密，1小时后倒在案板上，待热气散掉，再把其余的荠粉2500克拌入已冲熟的粉糊中进行搓揉，搓揉均匀便成水晶球皮。

2 水晶球皮分成300粒，用荠粉垫手压薄，分别包上豆沙，豆沙每粒30克，做成球状，然后放在已铺有湿白布的蒸笼内，用猛火蒸5分钟便熟。

3 猪油或花生油放入铝锅隔水炖热，放入蒸热的水晶球浸30分钟即成，食时咸甜各上一半。

（五）炸（浮）

水晶秋芋饼

名点故事

潮汕地区有吃饼的习惯，特别是逢年过节，因为喜爱吃饼而制作各种各样的饼食。水晶秋芋饼从皮到馅都是荤的，入口爽，芋香味浓郁。

烹调方法

炸（浮）法

风味特点

饼皮松脆，馅爽香甜

技术关键

1. 芋饼皮的制作讲究，要加猪油搓至纯滑。
2. 肥肉切成细粒同白砂糖一起搅匀，腌制要8小时。
3. 炸的温度控制。

知识拓展

也可采用番薯、淮山、姜等制作饼皮。

○○ 原 材 料 ○○

皮　料　剥皮净芋肉500克，澄面120克，猪油100克，清水150克

馅　料　冬瓜片150克，肥肉100克，白砂糖150克，白芝麻仁50克，葱珠油25克，清水50克，糕粉60克

工艺流程

1 芋肉洗净切薄片，用猛火蒸熟，趁热放在案板上压烂成芋蓉。澄面放入碗内，用沸水冲入澄面，搅均匀便成熟澄面。熟澄面、白砂糖加入熟芋蓉一起搓均匀，再加入猪油搓至纯滑便成芋饼皮。

2 肥肉切成细粒，然后同白砂糖一起搅匀，腌制8小时。冬瓜片切碎，芝麻仁炒香，将已腌好的糖肉同冬瓜片碎、熟芝麻仁、葱珠油、清水拌均匀，最后加入糕粉拌搅至均匀便成水晶馅。

3 芋饼皮分成30粒，水晶馅也分成30粒，把饼皮压薄，包上一粒水晶馅，稍压扁便成芋饼胚。然后将鼎洗净烧热，放入花生油，待温度到180℃时把芋饼胚逐个放入油炸，炸至金黄色、表面起微蜂巢状便成。

瓜蓉炸素饼

名点故事

瓜蓉炸素饼，顾名思义，是一种素的饼食，采用冬瓜片为主料，质感新鲜，为纯油炸类食品。

烹调方法

炸（浮）法

风味特点

饼皮酥脆，馅香甜爽口

技术关键

1. 水油酥皮的制作尤为重要。
2. 油炸的温度控制。

知识拓展

水油皮还可以包上咸的肉馅，制作成荤的饼食。

。○ **原 材 料** ○。

皮 料	精面粉500克，花生油200克，清水100克
馅 料	冬瓜片250克，白砂糖250克，白芝麻仁100克，葱珠油50克，糕粉100克，清水50克，橘饼50克

工艺流程

1 拨出面粉150克，过筛后和花生油75克搓匀成油酥心面待用。余下面粉350克过筛，用花生油125克、清水100克搅匀，搅至油滑便成水油皮，静置待用。

2 冬瓜片和橘饼切碎，白芝麻仁炒熟。将冬瓜片碎、白砂糖、熟芝麻仁、橘饼加入清水搅均匀，然后加入葱珠油拌匀，再加入糕粉拌均匀便成瓜蓉馅。

3 水油皮分成15粒，油酥心分成15粒，每粒水油皮压薄包上油酥心1粒，包成圆形，用手轻轻压扁，用木棍碾成长薄圆形。

4 瓜蓉馅分成15份，水油酥皮每张分别包上馅料1份，包成圆球形，包口捏密压扁成饼胚待用。

5 油鼎放入花生油，油热至约160℃时将饼胚逐件放入，炸至金黄色，熟透捞起即成。

网油姜薯卷

名点故事

姜薯的特有色泽、质地、香甘气味，可制成皮，也可制成馅料，也可直接制成各种新产品。

烹调方法

炸（浮）法

风味特点

饼皮酥脆，馅香甜爽口

技术关键

1. 姜薯用刀切成片，容易均匀受热。
2. 姜薯卷的形状是卷形，注意大小。

知识拓展

姜薯可制成皮，也可制成馅料，并且可以直接制成产品，如煮姜薯汤、羔烧姜薯、返沙姜薯等。

原材料

主副料　净姜薯500克，糖冬瓜片100克，橘饼50克，白砂糖150克，猪网油100克，淀粉100克，鸡蛋1个

工艺流程

1 姜薯切成片，放进蒸笼蒸熟，趁热倒在砧板上压烂成蓉待用。糖冬瓜片、橘饼切成丝。猪网油漂洗干净，摊开泌干水分待用。

2 姜薯蓉加入白砂糖50克搅揉，搅至白砂糖稍溶化时，加入冬瓜片丝、橘饼丝稍拌压均匀。然后把猪网油摊开，撒上淀粉，把姜薯蓉放在猪网油上，包成长约5厘米、宽2.2厘米的卷，便成姜薯卷。

3 鸡蛋打开，取出蛋白，用筷子搅均匀候用，每件姜薯卷先蘸上鸡蛋白，然后蘸上淀粉，稍压实待用。

4 炒鼎洗净烧热，放入花生油，待油热至约180℃时把姜薯卷放进油炸至透心捞起，用餐盘盛着。把鼎内的花生油倒回，将鼎洗净，放入清水60克和白砂糖100克用慢火煮成糖油，淋在姜薯卷上面即成。

普宁卷煎

名点故事

卷煎也称为"广章""卷章"，是潮汕地区特有的一道美食。卷煎，顾名思义是把食材用腐膜卷起来，蒸好后切片煎香食用。普宁卷煎多以蔬菜为原料，搭配其他辅料制作，是一道荤素相宜的传统点心。

烹调方法

蒸（炊）法、煎（烙）法

风味特点

外皮酥脆，内馅绵柔，口味鲜甜

技术关键

1. 萝卜要选用当季新鲜的。
2. 包制时要把萝卜中的水抓干后再操作。
3. 萝卜卷煎要完全晾凉再切件煎制。

○。○ **原** **材** **料** ○。○

主副料 萝卜1000克，薯粉200克，腐膜2张
调味料 精盐10克，五香粉3克，白胡椒粉2克

工艺流程

1 馅料制作

- 萝卜削皮，刨丝，加入1/2精盐腌制10分钟，抓去白萝卜2/3的水。
- 加入五香粉、白胡椒粉、1/2精盐、薯粉混合成馅料。

2 成形与成熟

- 腐膜铺平，将馅料均匀地码放在一侧，包卷成型。
- 锅中水烧开，蒸板刷油，放上萝卜卷，中火蒸15分钟。
- 蒸好后将卷煎翻面，避免底部腐膜过于潮湿破裂。
- 卷煎晾凉后，切大块，入平底锅煎至两面上色即可。

知识拓展

普宁卷煎不但可以用萝卜，还可以用芋头或黄瓜为主要原料，也可以搭配花生、冬菇或肉碎制成更具风味的卷煎。

香芋薄壳酥

名点故事

海瓜子（潮汕地区叫薄壳）是潮汕沿海地区较为盛产的贝壳类之一，其特点是壳薄，肉鲜红色饱满，味鲜甜，潮汕人都比较喜爱。香芋薄壳酥是用薄壳肉加上芋粒，进行调味，特别是加入金不换叶，使其香味更加突出，然后用薄饼皮包成卷，蘸上蛋液，在油中炸制而成。

烹调方法

炸（浮）法

风味特点

皮松香脆，馅鲜嫩香

技术关键

1. 熟薄壳肉用清水漂洗过，捞干水分。
2. 炸制温度控制。

知识拓展

潮汕沿海地区盛产薄壳，也可以炒薄壳米饭或制作薄壳米丸等。

○○ **原 材 料** ○○

皮 料 去皮净芋头500克，熟澄面200克，精盐10克，白砂糖20克，味精8克，鸡粉16克，熟猪油150克，胡椒粉1克，芝麻油4克

馅 料 熟薄壳肉400克，肥肉100克，葱100克，鱼露40克，花生油75克，金不换叶20克，淀粉15克

工艺流程

1 芋头洗净，切成薄片，放进蒸笼蒸熟，趁热倒在砧板上，用刀压烂成芋泥，不能有生粒，加入熟澄面、精盐、白砂糖、味精5克、鸡粉6克、胡椒粉搓揉均匀，再加入熟猪油和芝麻油2克，搓揉均匀便成芋酥皮。

2 熟薄壳肉漂洗后捞干水分。肥肉切成细粒，调上鱼露20克、淀粉10克。葱洗净切成葱珠待用。炒鼎洗净，烧热，放入花生油，先把肥肉炒熟，再放入鸡粉10克、味精3克、鱼露20克、熟薄壳肉、葱珠，金不换洗净切碎投入一起炒匀，再用5克淀粉加水调稀倒入勾芡，最后加入芝麻油2克搅匀便成馅料。

3 芋酥皮分成30份，馅料也分成30份，每份皮用手压成薄圆状，包上一份馅料，做成角形待用。炒鼎洗净，烧热放进花生油，待油热至约180℃时，把做好的角胚放进油内炸，炸至金黄色时捞起，盛上碟即成。

惠来卷章

名点故事

卷章一名的由来，其实是潮汕话的直译。因为一直没有找到较好的学名，所以人们依据其制作过程及成品外形取名。这种民间的小吃又被称为肉饼或肉卷。市面上的做法存在多种，任何一种配料的变化、比例的不同，所做出来的味道相差很远，最正宗的卷章来源于普宁、惠来。惠来卷章是惠来人逢年过节家家必备的食品，在潮汕地区极受人们的喜爱。

烹调方法

炸（浮）法

风味特点

呈金黄色，鱼味鲜美

原 材 料

主副料 瘦肉1000克，鲜鱼肉1000克，白肉250克，淀粉200克

调味料 精盐10克，味精5克，胡椒粉1克，食用油500克（耗油50克）

工艺流程

1 瘦肉、鲜鱼肉洗净，分别打成浆；白肉切成微粒，待用。

2 将瘦肉浆、鱼肉浆、白肉粒、胡椒粉、淀粉、精盐、味精等一起搅拌均匀成馅料。

3 准备干净湿白布8条，长约35厘米、宽约25厘米。将湿白布铺平，取出馅料做成卷形，分别用湿白布包上，蒸10分钟取出，再拆除白布。

4 烧热鼎，放入食用油，将已蒸好的卷章，用中火炸制，炸至呈金黄色，捞起便成。

知识拓展

可将主料换成纯瘦肉或者鲜鱼肉，别有风味。

潮式风味点心制作工艺

猪脚圈

名点故事

猪脚圈是潮州著名的特色小食，因其形状呈圆圈形，像从猪蹄上切下来的，故称猪脚圈。

烹调方法

炸（浮）法

风味特点

香脆可口

技术关键

1. 要控制好油温，否则会影响制品质感。
2. 粉浆稠度要适合。

○ ○ 原 材 料 ○ ○

主　料　粘米粉150克，木薯粉350克

副　料　芋头250克，煮熟红豆100克，葱珠30克

调味料　五香粉10克，精盐5克，味精5克

工艺流程

1　粘米粉和木薯粉拌匀后加水调成粉浆待用。

2　芋头切丁与煮熟的红豆、葱珠、五香粉、精盐、味精搅拌均匀便成馅料。

3　热鼎下油，把特制铁碗放入六成热的油锅中过一下油，让铁碗沾满油，取出倒入粉浆，再把浆倒出，后加入制好的馅料，再淋上粉浆，放入油锅中浸炸至金黄色即可。

知识拓展

猪脚圈里面的馅料可以有多种选择，可以是青豆、黄豆、包菜、韭菜或加五香粉的糯米饭，也可以加入鲜虾。在潮汕地区，猪脚圈叫法也不尽相同，饶平称其为"油盾"，在普宁又被称为"落蹄粿"。

膀方酥

名点故事

膀方酥是使用肥猪肉片成薄片，然后用白砂糖腌制成冰肉。膀方酥的特别之处是炸后再进行返沙，糖在表面上。是潮汕各区县的风味产品。

烹调方法

炸（浮）法

风味特点

外酥香甜，肉香爽嫩滑

技术关键

1. 肥肉一定要片成双连片。
2. 糖胶的制作，以及"返沙"的均匀。

知识拓展

使用肥猪肉片成薄片，然后用白砂糖腌制成冰肉，也可制成炸高丽肉、玻璃酥肉等。

∘∘ 原 材 料 ∘∘

主副料 肥肉250克，白砂糖400克，绿豆沙馅200克，精面粉150克，淀粉25克，泡打粉5克，花生油10克，清水约200克，葱5克，糖冬瓜片100克

工艺流程

1 肥肉片成20块双连片（即每块中间片开，但不要切断），用白砂糖300克腌制8个小时，即成冰肉片。每块冰肉散开糖粒，用少量的热水洗去有粘连的糖，待用。

2 糖瓜片切成20小条，绿豆沙馅分成20粒。将已腌好的每块冰肉在飞刀口处放入绿豆沙馅1粒，稍压扁，再放进糖瓜条1条，夹在豆沙中间，用手将冰肉与豆沙间稍压实。

3 精面粉、淀粉、泡打粉一起拌均匀，加入清水搅匀，再加入花生油搅匀成稀浆待用。鼎烧热，放入花生油，油温热至180℃时，把已夹馅的冰肉逐块蘸上稀浆，随之放入油炸，炸至外皮金黄酥脆、熟透捞起待用。

4 鼎洗净，放入烫过冰肉的糖水。将剩下的白砂糖倒入鼎中煮成糖胶，当糖胶滚至有泡沫时，把鼎调离火位，用鼎铲铲至白色，把葱洗净切成细粒放进糖间，搅匀，再把已炸好的膀方酥放入，用鼎铲反拌均匀至"返沙"，使每粒膀方酥都蘸满糖为止，即成。

潮州春卷

名点故事

春卷原是立春日的食物，唐宋时称为春盘。宋代美食家、诗人苏东坡来惠州时推崇炸春卷以荠菜为馅料。清代诗书画家郑板桥赞美称："三春荠菜饶有味，九熟樱桃最有名。"可见，春日做春饼、食春饼的民俗风情由来已久。

在潮汕地区，春卷又称春饼，是民间传统小食，流行于潮汕各地。为了春饼可以作为四季皆有的小吃，后世在制造用料上慢慢改良。春卷皮用面粉加适量水拌成黏糊状，再用平底铁锅加工煎成饼皮（俗称薄饼皮）。馅料一般以绿豆瓣为主，具有清热解毒、消暑、利水、降血脂、抗菌的功效。

 °。○ (原)(材)(料) ○。°

皮 料 春卷皮10张

馅 料 绿豆瓣100克，湿冬菇50克，虾米15克，五花肉115克，面粉50克，鱼露8克，鸡精8克，胡椒粉5克，芝麻油10克，五香粉5克

工艺流程

1 馅料制作

- 绿豆瓣清洗干净，加水浸泡2小时，捞出控干水，放置于蒸布上，入蒸笼，旺火20分钟蒸熟，取出放凉待用。
- 其余食材切粒炒熟、爆香，加入绿豆瓣及调味料拌匀。

2 成形与成熟

- 面粉加入少许水调成面糊，待用。
- 每张春卷皮放入馅料，包成枕头形，用面糊粘紧接口。
- 炒鼎下油，加热至中上油温，春卷下锅炸至金黄色，装盘即成。

烹调方法

炸（浮）法

风味特点

质感酥脆，口味甘香

技术关键

1. 绿豆瓣一定要泡湿，蒸至仅熟即可。
2. 收口要粘紧，炸制时才不会露馅。
3. 掌握好火候，不可炸煳。

知识拓展

春卷是潮汕地区随处可见的小食，它呈长方形，外面为金黄色，外酥内嫩，味浓香溢。春饼有很多口味，除了绿豆春卷，还有冬菇春卷、虾仁春卷等。

炸酥皮虾盒

名点故事

炸酥皮虾盒是用水油酥皮制作的，加上咸馅料和有留尾部的鲜虾，在造型上比较美观，质感上更加新鲜。

烹调方法

炸（浮）法

风味特点

造型美观，外脆内嫩，鲜口香醇

原 材 料

| 皮　料 | 精面粉270克，猪油110克，清水650克 |
| 馅　料 | 瘦肉150克，鲜虾肉100克，湿冬菇25克，肥肉30克，成只鲜虾30只，精盐5克，味精3克，胡椒粉1克，芝麻油2克，花生油50克，淀粉5克 |

工艺流程

1 拨出面粉180克、猪油65克、清水65克，面粉过筛，开成小窝，放入猪油、清水，拌入面粉一起搓揉成面团，便成水油皮。

2 余下的面粉用筛斗筛过，加入余下的猪油搓均匀成面团，便成油酥心。搓好的水油皮分成15件，油酥心也分成15粒，每件水油皮分别包上油酥心一粒待用。

1. 冬菇一定要㷛香。
2. 开水油酥皮要正反各开
   一次。

知识拓展

咸馅料可以制作成其他海鲜
类。

3 瘦肉、鲜虾肉、肥肉切成细粒，配上精盐、味
精、胡椒粉、淀粉水拌匀，冬菇切成细粒，鼎
烧热，放入猪油，放入冬菇粒炒香，再放入肉
粒炒熟，然后放入鲜虾肉，再炒至熟调味，加
入芝麻油便成虾盒馅。成只鲜虾去掉虾头和
壳，留尾，洗净，用刀片开，调上味料待用。

4 已包好的水油酥皮用木棍开薄，用手卷成卷条
形，压扁。再用木棒开成薄长条状，再卷成
型。然后切成对开，将有螺纹口向上，用木棍
在切口处开成薄圆形，开好的皮把有螺纹的一
面向外，然后放上鲜虾一只，虾尾露在皮外，
再加上熟馅料，包成半圆角形，把角边搓薄，
再锁成索状，把鼎烧热放上花生油，油热至
180℃时把制好的虾盒放进油中浸炸，炸至浅
黄色熟透即成。

三、潮式地方风味点心

老香黄饼

名点故事

老香黄饼是潮州最出名的饼食，皮是水油酥皮，馅料用乌豆沙加入老香黄，极具有地方风味特色。

烹调方法

炸（浮）法

风味特点

造型美观，突出老香黄味

技术关键

1. 开酥手法要均匀。
2. 炸制时火不能太大或者太小，否则会影响成品质量和美观。

知识拓展

馅料可以是水晶馅或者绿豆沙馅。

○ ○ （原）（材）（料）○ ○

| 皮 料 | 精面粉1000克，花生油420克，清水2000克 |

| 馅 料 | 乌豆沙1000克，老香黄200克 |

工艺流程

1 拨出面粉300克，过筛后和花生油150克一起搓匀，搅成油酥心待用。余下面粉700克用筛斗筛过，用花生油270克、清水2000克搅匀，搅至油滑，便成水油皮，静置待用。

2 老香黄压成泥，与乌豆沙搓搅均匀后分成30粒，待用。

3 水油皮分成15粒，油酥心分成15粒，每粒水油皮压薄包上油酥心1粒，包成圆形，用手轻轻压扁，用木棍压成长薄圆形，卷成团，再开成长条形，再卷成团，然后切成对开，在切口处用酥椎开薄，每份再包上馅料，压成饼形。

4 油鼎放入花生油，烧热至油温约160℃时将饼胚逐件放入，待表面呈金黄色螺旋形、熟透时捞起即成。

（六）焗

腐乳饼

名点故事

腐乳饼是潮汕特色的传统小吃。相传清末年间，潮州有家糕饼店的老师傅被雇主换掉，师傅心里又急又气，为了赌气往本来要做五仁龙凤饼的馅料中加入了红腐乳、蒜头、陈酒，将馅料搅成了一缸大杂烩。老师傅走后，新师傅用这缸馅料做龙凤饼，香味扑鼻，顿时被抢购一空，可新师傅却调制不出馅料的味道，雇主只能请回老师傅，老师傅通过回忆做出了顾客喜欢的饼食，腐乳饼也因此得名。

烹调方法

焗法

风味特点

皮松馅黏带爽，味甜香中带咸

 ◦ ○ 原 材 料 ○ ◦

皮 料 低筋面粉700克，糖浆500克，花生油150克，麦芽糖30克，枧水15克

馅 料 肥肉500克，白砂糖750克，榄仁150克，芝麻仁50克，花生仁150克，蒜蓉50克，腐乳50克，糕粉225克，花生油75克，汾酒25克，清水适量

工艺流程

1 面粉过筛，先用三分之二放在案板上开成窝形，放入糖浆、麦芽糖，再放入枧水拌匀，再放入花生油搅匀后，拌入面粉成软质面团，拌匀搓透，约静置30分钟，再加入其余三分之一的面粉叠匀（不要搓揉），便成腐乳饼皮。

2 肥肉切成粗粒状，用白砂糖拌匀，腌制12小时，即成浆肉。花生仁炸过油，脱掉膜，榄仁炸过油，芝麻仁炒熟。将腐乳、蒜蓉、汾酒一起搅拌均匀，倒入已腌好的浆肉中，再加入花生仁、榄仁、芝麻仁、适量清水搅拌均匀，最后放入糕粉搅搓均匀即成腐乳饼馅。

同样的馅料，也可做南乳条。

3 用面粉垫手，将重约20克的饼皮压薄包上馅料35克，包成椭圆形，用专制的腐乳饼模印制后放在焗盘内。焗炉的炉温在220℃时，将制好的腐乳饼喷上清水，然后放进焗炉焗约5分钟后取出，扫上蛋液，再放进焗炉焗10~12分钟便熟。

技术关键

1. 皮料要完全揉和，醒面时间要充足。
2. 馅料所用肥肉一定要使用腌制时间足够的，花生要去皮。
3. 烤制时要注意温度的控制，不可烤煳。

潮阳葱饼

名点故事

潮阳葱饼突出葱的特殊味道，遇上芝麻香味，成为人们出行必带的茶配。

烹调方法

焗法

风味特点

香甜酥脆，肥腻可口

技术关键

1. 水油酥皮的制作过程。
2. 用慢火焗。

知识拓展

葱饼也可做成圆形饼。

○○ 原 材 料 ○○

皮　料 面粉1400克，熟猪油400克，麦芽糖340克，清水200克

馅　料 肥肉1000克，五香粉18克，净葱白200克，白砂糖1500克，白芝麻仁150克

工艺流程

1 面粉400克过筛，开窝，放入熟猪油250克、麦芽糖40克、清水150克，搅均匀融合乳化后把面粉拌入，搓成水油酥皮待用。

2 肉切成粒，葱白切成细粒，然后加入白砂糖、麦芽糖300克、清水50克、五香粉，搅拌均匀，再加入面粉1000克搅拌均匀成饼馅，待用。

3 上花生油，再将水油酥皮用木槌开薄放进盘内，压平并把整盘铺密，然后把饼馅放入，用手压平，撒上均匀的白芝麻仁，便成饼胚。

4 炉温在180℃时，把饼胚整盘放入炉内约5分钟，后转慢火，收身使其熟透约5分钟，然后取出，冷却后用刀切块成日字形即成。

惠来绿豆饼

潮式风味点心制作工艺

名点故事

惠来绿豆饼，又名神仙眷侣饼，以惠来隆江镇的手工绿豆饼最为出名。其源远流长的制作技艺始于清朝康熙末年，是一项闻名南粤的潮汕传统技艺，目前已入选国家非物质文化遗产。

惠来绿豆饼是最为大众喜欢的一道特色便携小食，不止在超市、面包房，广东地区高速路服务区超市也能见到其身影，足见此饼的受欢迎程度。

烹调方法

焗法

风味特点

外皮酥润甘香，内馅松软适口，甜而不腻

∘·○ 原 材 料 ○·∘

皮 料 水油皮：中筋面粉200克，白砂糖20克，猪油60克，温水80克；油酥心：低筋面粉100克，猪油40克

馅 料 绿豆瓣150克，幼糖80克，食用油15克

工艺流程

1 皮料制作

- 白砂糖加入温水中，待其融化成糖水。
- 面粉与猪油搓揉均匀，加入糖水和面，揉成面团，醒面20分钟。
- 油酥心材料混合搓匀成团，放冰箱冷藏至硬身。

2 馅料制作

- 绿豆瓣提前5小时浸泡，蒸熟后过筛成细腻的绿豆蓉。
- 绿豆蓉中加入幼糖和植物油一起拌匀待用。

3 成形与成熟

- 水油皮20克，油酥心10克，绿豆馅20克。
- 水油皮包上油酥心，收口向上，压扁对折成长条形，压扁由上而下折叠，松弛5分钟；然后将长卷收口向上，压扁擀薄，卷成短的圆筒形，松弛5分钟。
- 收口向上，把面皮擀成圆形，包上绿豆馅，收口后搓圆，顶部蘸上白芝麻或黑芝麻，用刮板压成平整的扁圆形，朝上放置于刷油的烤炉上。
- 烤炉150℃烘烤30~35分钟至饼皮表面略焦即可。

绿豆饼是潮汕地区传统地方名产，不仅在惠来甚至整个南粤都颇有声誉，不少回乡的海外及港澳同胞也寻根溯源，带回居住地作为馈赠佳品，成为联结乡谊、增进感情的纽带，具有一定的社会礼仪价值和传统文化价值。

技术关键

1. 水量、油量要准确，水油皮与油酥心的软硬度要合适。
2. 收口要收紧，开酥时忌破酥，会影响饼皮的美观。
3. 根据气温掌握制作时间，气温低，卷好的表皮易风干，要保湿。
4. 现在已把材料中的猪油改为菜籽油，使绿豆饼更为健康，口味更为清爽。
5. 烘烤时要观察饼的颜色，不断地翻动和及时添加清油。

潮汕朥饼
（乌豆沙）

名点故事

朥饼代表的不只是一种美食，更多的是一种民俗文化。传统八月十五中秋佳节，一家老小欢乐团聚，喝茶赏月，拉拉家常，其乐融融，潮汕人必备佳果美点赏月，朥饼便是其中的主角。传统朥饼以其馅料不同，而分别被称为绿豆沙朥饼、乌豆沙朥饼、双烹朥饼和水晶朥饼等。

烹调方法

焗法

风味特点

油润甘香，佐以潮汕工夫茶，清口解腻，甚以为美

○ ○ 原 材 料 ○ ○

皮料 水油皮：中筋面粉500克，猪油150克，麦芽糖15克，清水约175克；油酥心：低筋面粉300克，猪油150克

馅料 乌豆沙500克

工艺流程

1 皮料制作

- 中筋面粉过筛开窝，在窝里加入麦芽糖、清水搓至麦芽糖溶解，再加入猪油，拌匀至乳化，加入面粉搓匀成水油皮，摊开松筋，待用。
- 低筋面粉过筛后开窝，加入猪油，搓匀成油酥心，待用。

2 成形与成熟

- 水油皮75克，油酥心25克，乌豆沙150克，分好待用。
- 干净毛巾置于碗中，加入大红色素与水，待用。
- 水油皮包入油酥心收口，用酥槌擀开成椭圆形，卷起压扁再擀开，再折叠卷酥后压扁擀制成圆形皮。
- 水油酥皮包入豆沙，收口压成鼓形。整齐码在刷好猪油的烤盘上。饼印蘸上少许色素在饼胚上加印。
- 烤炉上火180℃，下火200℃，烤5分钟后，取出翻面，再入烤炉烘烤5分钟，取出再翻面，往烤盘中注入猪朥，再放回烤炉烘烤35~40分钟，饼胚呈现金黄色便可出炉。

技术关键

1. 水量、油量要准确，水油皮与油酥心的软硬度要合适。

2. 收口要收紧，开酥时忌破酥，会影响饼皮的美观。

3. 根据气温掌握制作时间，气温低，卷好的表皮易风干，要保湿。

4. 造型大小要均匀，烤制时要注意猪油的添加量。

知识拓展

汕头的潮式月饼，要从民国时期开始说起，汕头市小公园一带酒楼林立，经济繁荣发展，到新中国成立后，曾经的"擎天酒楼"到"新永平酒楼"，再到"汕头大厦"，一再演变，但都不影响它的生意，每到中秋节，汕头大厦应节推出的月饼常常被一抢而空。

改革开放后，汕头糖果饼干食品总厂正式成立，生产的潮式月饼，工艺配方既遵古法制，又根据现代食品工艺原理，用科学方法精制。注册商标有珠江桥牌（出口）、鮀岛牌（内销）两种。年生产能力800吨以上。1982年获广东省优质产品称号；1986年12月获首届中国食品博览会银奖。主要销往潮汕地区和闽南一带，同时每年销往我国香港、澳门，以及新加坡、马来西亚等地区100多吨。

三、潮式地方风味点心

（七）其他

猪肉干面

名点故事

捞干面是闻名于潮汕地区的一种主食，一般呈现的是一碗捞干面，面上铺几片卤肉，淋上沙茶酱，搭配一碗风味汤。潮汕人喜吃干面，主要在于酱料与面的搭配，这是海洋文化的一种突出代表。

旧时"过番"的人回乡带来了东南亚的沙嗲，非常受潮汕人们的喜爱，于是先民用沙嗲与本地特有海产混合制作衍生了沙茶酱。

烹调方法

煮法

风味特点

爽口香滑，鲜、香、辣、甜均有

○○ 原 材 料 ○○

主副料 中筋面粉1000克，纯碱8克，薯粉1袋（薯粉用网纱布包扎紧，作打面条用），瘦肉1000克，清水1000克

调味料 熟猪油400克，上等酱油150克，精盐20克，冰糖10克，白酒5克，南姜30克，川椒2克，八角2颗，桂皮2克，丁香1克，甘草2克，香节5克，大蒜10克，红辣椒1粒，沙茶酱150克，芝麻酱75克，芝麻油5克，芫荽叶10克

工艺流程

1 面粉、清水、纯碱一起调和成面团，然后用长木槌压打成长薄片，最后切成面条（在压打过程，要用薯粉袋拍拍粉，使面从片到条都能分离）。

2 川椒炒香与八角、桂皮、甘草、丁香一起装入洁白纱布中包扎成球，放进不锈钢锅内，同时加入精盐、酱油、冰糖、南姜、香节、白酒、大蒜、红辣椒、清水用中火煮滚，便成卤水。瘦肉开成条放进卤水内用慢火浸卤30分钟，捞起，晾干待用。

3 沙茶酱、芝麻酱、芝麻油、熟猪油，加入少量卤汁搅拌均匀，调成干面酱料，再把酱料分别放在10个大碗内待用。已卤好的猪肉切成片，分成10份待用。

4 用不锈钢锅盛装清水，煮滚时，将面条分成10份，分别放进锅内煮熟，捞入有酱料的碗内，用筷子搅拌均匀，摊上一份卤肉片，并放上芫荽叶即成。食用时可配上陈醋佐食。

技术关键

1. 瘦肉可用猪颈肉也可用猪腿肉。
2. 卤制猪肉的辅料要注意香料的搭配，酱汁味道不能过浓或过咸。
3. 面条不可煮得太绵烂。

知识拓展

沙茶是源于印度尼西亚、马来西亚和新加坡等东南亚地区的一种酱料，原为印度尼西亚的一种风味食品，印尼文为"SATE"，原意为"烤肉串"，因是烤肉串必用的一种复合味调料。

沙茶具有一点辛辣香咸，有开胃消食之功效，潮汕人琢磨改良，只取其富含辛辣的特点，改用国内香料和主料制作，并音译印尼文"SATE"，称之为沙茶（潮语读"茶"为"嗲"音）酱。

干面的卤肉是标配，但不同地区对于干面的酱料与配料又有所不同，如潮阳的塔脚干面，就喜欢撒上花生碎来增加面的香味与质感。

揭阳粿汁

名点故事

粿汁是潮汕地区大众化的传统民间小食，在街上，随处可见卖粿汁的小食摊。20世纪60年代，粿汁是很经济的传统小食之一，当时一名普通工人的薪水平均在30元，粿汁摊的各种猪杂，每碗一两角钱，所以只要花上数角钱，就可饱餐一顿，吃个痛快。今天，潮汕粿汁仍深受人们的欢迎，价格也不高。

烹调方法

煮法

风味特点

嫩滑，浓香，特有风味

○○ 原 材 料 ○○

主副料 粘米粉1000克，玉米淀粉150克，肚肉1000克，清水适量

调味料 上等酱油150克，精盐20克，冰糖10克，白酒5克，南姜30克，八角2颗，川椒2克，桂皮2克，丁香1克，甘草2克，红辣椒1只，蒜头200克，花生油200克

工艺流程

1 将粘米粉和玉米淀粉混合，加入清水1200克，调成稀浆。然后将炒鼎洗净，烧热扫上薄花生油，打一大匙米浆淋入鼎，再把鼎旋转使四周都粘上米浆，煎烩制成大薄片米浆皮。用这一方法把所有的米浆煎烩完毕。

2 川椒炒香，与八角、桂皮、甘草、丁香一起装入洁白纱布中包扎成球，放进不锈钢锅内，同时加入酱油、精盐、冰糖、南姜、红辣椒、白酒、清水，先用中火煮滚便成卤水，然后将肚肉切成4~5条，放进卤水内，用慢火浸卤约30分钟，捞起，候晾干待用。

3 蒜头切成米粒状。炒鼎洗净，烧热，放进花生油，再放入蒜粒，边煎边搅炒均匀，煎至呈金黄色倒起，盛在碗里待用。

4 用不锈钢锅装上约150克清水，煮滚，把已烩好的粿皮剪成三角状投入锅内，煮滚时用少量清水把玉米淀粉开稀，慢慢倒入锅内，边倒边搅拌均匀，使之成糊状便成粿汁，食时盛入大碗，把已卤好的肚肉切片放在面上，再淋上蒜头油、卤汁便成。

技术关键

1. 卤肚肉要用慢火浸卤。
2. 米浆的调制要控制好水
   量，否则影响质感。

知识拓展

经典的粿汁，是由米浆烙成薄饼而后剪成角状，俗称粿角，水沸投入煮熟并加入粉浆调成半糊状即成。时下为迎合年轻人喜好猎奇的消费趋向，有商家推出创新口味的粿汁，如牛腩口味、柠檬口味等。

牛肉饼

名点故事

牛肉饼作为汕头乃至整个潮汕地区的特色传统小食，可作为一道筵席汤菜，也可煮牛肉饼粿条。

烹调方法

蒸（炊）法

风味特点

味道鲜美，牛肉味浓郁

技术关键

1. 牛肉捶成肉浆动作要迅速均匀，捶约20分钟。
2. 注意火候。

知识拓展

可以制作成牛肉卷形状。

°○ 原 材 料 ○°

主副料 新鲜牛腿肉1.5千克，肥肉150克，淀粉100克，方鱼末30克

调味料 味精15克，特级鱼露150克，沙茶辣椒酱50克，胡椒粉0.5克，芝麻油5克，芹菜末40克

工艺流程

1 牛腿肉去筋后切成大片，放在大木砧板上，用特制的不锈钢锤刀两把（每把1.5千克重），上下不停地用力把牛肉捶成肉浆，然后先加入淀粉、鱼露、味精的一半，继续捶15分钟，随后用大钵盛装，把肥肉切成细粒和剩下的鱼露、淀粉、味精和方鱼末一同放入，使力搅挞至肉浆用手抓起不会掉下为止。

2 牛肉浆压制成长方形，放进盛着70℃温水的盆内。煮约20分钟，然后用笊篱捞起。

3 食用时用原汤和切片牛肉饼，下锅煮至初滚时加入芝麻油、胡椒粉，盛碗时再加入芹菜末即成。食用时配上沙茶辣椒酱佐食。

灼牛肉粿条

名点故事

灼牛肉粿条是潮汕地区特色小吃之一，吃法独特，牛肉必须过滚汤内涮熟捞起，很符合现代人的饮食需要。

烹调方法

煮法

风味特点

牛肉嫩香爽滑，沙茶香辣甜适口

技术关键

1. 切牛肉的刀法要讲究，注意顺纹切。
2. 灼牛肉时，切不可涮得太久，否则会使肉质变韧。

知识拓展

也可灼牛肉米粉、灼牛肉面。

○ ○ 原 材 料 ○ ○

主副料 鲜牛腿肉750克，生菜500克，豆芽200克，粿条500克，清水750克

调味料 白砂糖粉30克，熟猪油1000克，沙茶酱150克，芝麻酱50克，味精6克，鸡粉10克，辣椒油2克，精盐5克

工艺流程

1 牛腿肉去筋后切成薄片，注意要切成两片相连，并且要切横纹片，不可切顺纹片，然后用瓷盘盛好待用。

2 沙茶酱加入熟猪油、芝麻酱、辣椒油、白砂糖粉一起搅拌均匀，然后分放进各个小碗里，待用。生菜、豆芽洗净，晾干水分，用盘盛着。

3 炉生火，将清水先煮滚倒入鼎内放在炉上，加鸡粉、味精、精盐调味，汤滚后用筷子夹牛肉片放进滚汤内涮熟，并加入焯过豆芽，放入小碗内，再放入生菜配上沙茶酱料即成。

沙茶牛肉粿条

名点故事

沙茶牛肉是潮汕地区的一大特色，用粿条配上牛肉，加上沙茶酱，不仅是当地人十分爱吃的品种，还是外地人来潮汕必点的食品。

烹调方法

煮法

风味特点

爽嫩香滑，甜香鲜辣，别具风味

技术关键

食用时应把粿条、生菜、豆芽、牛肉一起拌食，才有风味特色。

知识拓展

用揭阳粿条配上卤汁猪肉，也是另一番品味。

○ ○ 原 材 料 ○ ○

主副料　鲜牛腿肉800克，生菜500克，豆芽250克，粿条1000克，白砂糖粉20克，清水1500克

调味料　味精3克，精盐5克，熟猪油150克，芝麻酱50克，沙茶酱150克，鸡粉10克

工艺流程

1　粿条切成条状，牛腿肉去筋后切成薄肉片（注意要切成两片相连，并且切时要横纹片）。把切好的粿条和牛肉片，分别分成10份，用盘盛着待用。

2　生菜、豆芽洗干净晾干水分待用。沙茶酱加入熟猪油、芝麻酱、白砂糖粉、味精、精盐一起拌均匀待用。

3　备不锈钢锅2个，一个盛着清水500克，先煮滚，然后将已调好的沙茶酱料倒入锅中再煮滚。另一个锅盛清水1000克，加入鸡粉煮滚，便成滚汤。准备10个大碗，先把生菜放在碗底，再把每份粿条和一份豆芽分别在滚汤锅内煮热，捞干水分，趁热倒入碗内，再将已切好的牛肉片放入已滚的沙茶酱料汤焯熟，放在粿条和豆芽的面上即成沙茶牛肉粿条。

草鱼肠煮米粉

名点故事

草鱼肠本身含有肠腺，营养丰富。人们认为，草鱼肠通过其他物料来搭配，不会太肥腻，特别是配以潮汕凤凰山的米粉，更加合适。

烹调方法

煮法

风味特点

质感香滑，味道鲜醇

知识拓展

草鱼肠同时可以煮粿条汤，也可以煮面汤，风味各有不同。

○○ 原 材 料 ○○

主副料 草鱼肠1条，米粉100克，生菜20克

调味料 南姜末2克，姜丝2克，胡椒粉0.1克，鱼露10克，味精3克，芝麻油1克

工艺流程

1 草鱼肠用剪刀剪开洗净待用。

2 清水放进锅里烧热，加入鱼露、姜丝，放入已洗净的草鱼肠、米粉煮滚，再调入胡椒粉、味精。

3 大碗放进生菜叶，把已煮熟的鱼肠米粉倒进碗里，再放上芝麻油和南姜末即成。

技术关键

1. 草鱼肠要剪开清洗。
2. 草鱼肠煮滚后要改中火。

猪肠胀糯米

主 料 猪大肠中段500克，糯米250克，五花肉50克，湿冬菇5克，虾米30克，花生50克，板栗100克

调味料 酱油10克，胡椒粉5克，白砂糖10克，鱼露8克，精盐5克

名点故事

猪肠胀糯米是潮汕地区一道传统著名的小食，风味独特，古往今来，多少食客为之倾倒。该小食四季皆宜，不仅潮汕人喜欢，也为四方游客所喜尝。

潮汕人素来相信"以形补形"的食疗方法，春天食用猪肝补肝，夏天食用猪心补心，秋天食猪肺补肺，冬天食用猪肾补肾，而糯米有温补和中气的功效，搭配其他食材装在猪肠中，取其功效之余，更有"有进有出，四季平安"的愿想。

工艺流程

1 取猪肠中段，直径3~4厘米，用精盐、淀粉等反复翻转肠体搓洗至干净无异味。

2 白砂糖加水及酱油煮开，勾芡成糖油。

3 生糯米放水中浸3小时，五花肉、冬菇、虾米、花生、板栗全部切成小粒，炒熟并和糯米一起拌匀，调入味料，然后用汤匙通过漏斗灌入洗好的猪肠中，一匙糯米一匙水，头尾用棉纱线扎紧，放开水锅里用中火煮约30分钟。

4 煮熟捞出斜切成片，浇上少许甜酱即可。

烹调方法

煮法

风味特点

猪肠质感柔韧，馅料紧实

技术关键

1. 糯米一定要预先浸泡，吸足水分。
2. 猪肠一定要洗净，去除异味。
3. 煮制要注意火候与时间，不可煮得太烂。

知识拓展

猪肠胀糯米是潮汕地区传统民间小食，之所以有"胀"这个说法，是因为这个字在潮汕方言中有往某物中装满另一物的意思，装糯米时对分量要把握得度，糯米熟了还会膨胀，所以装八成满即可。如果塞太多了，猪肠就容易胀裂。当然，糯米太少也不好，那样做出来的猪肠就不饱满。最理想的状态是皮薄馅饱，整个圆鼓鼓的，那样既好看又好吃。

泡鳗鱼粥

名点故事

潮汕人最喜欢食粥。除了白粥之外，还有煮粥、泡粥等，如汕头各区、县就有不同的煮粥和泡粥的做法。鳗鱼粥，汕头人叫泡鳗鱼粥，是在煮粥时米刚熟就捞起成饭，米汤不留用。当要泡粥时，先将鳗鱼切块煮熟，调上味料，然后把已捞起的饭泡入，便成泡粥。在泡鱼粥时，最后要放上南姜末，南姜末能去掉鱼的腥味，同时也能增加粥香味。

烹调方法

煮法

风味特点

清鲜香醇，松散嫩滑

技术关键

1. 大米煮熟后，要捞起成饭，米汤不留用。
2. 鳗鱼煮五成熟时再泡入饭。

°○ 原 材 料 ○°

主副料 鳗鱼肉或头部1250克，优质大米600克，芹菜50克，葱50克，冬菜30克，南姜末250克

调味料 芝麻油3克，熟猪油60克，味精5克，鱼露75克，胡椒粉1克

工艺流程

1 大米漂洗干净，把已洗好的大米和清水120克一起盛入锅内，用猛火煮滚，滚至大米刚熟时把大米饭捞起。芹菜、葱洗净后切细粒待用。

2 鱼肉或鱼头洗净，切成小块，炒鼎洗净，放进清水2500克，煮滚，放进鱼肉或鱼头煮至有泡沫时，捞掉泡沫，加入鱼露、冬菜、熟猪油、胡椒粉，煮至鱼肉或鱼头熟待用。

3 另用不锈钢锅一个，放入清水150克，煮滚，将已捞起的干饭放入锅中煮热。然后用细笊篱把热饭捞干分别放在10个大碗里，放入芹菜、葱、芝麻油、味精、南姜末，再将已煮好的鱼肉或鱼头趁热带汤分在10个碗里用汤匙搅匀即成。

知识拓展

也可泡草鱼粥、蚝粥等。

达濠鱼丸

名点故事

达濠鱼丸色泽呈白色或灰白色，形状呈圆球状，形态完整、均匀，组织结构紧密，富有弹性，鱼香浓郁，味道鲜美。达濠经常举行迎神赛会的民俗活动，鱼丸是祭神"赛桌"必不可少的供品。

烹调方法

煮法

风味特点

色泽洁白，鲜美爽口

技术关键

1. 鱼肉用刀刮起肉蓉，要去掉细刺。
2. 鱼胶的制作过程要顺手搅挞并带拍。
3. 鱼丸制成过程的火候控制。

知识拓展

如要制优质的鱼丸，就得选用马胶鱼、担甲鱼、大鳗鱼。

主副料 鱼肉400克，鸡蛋白2个，清水65克
调味料 精盐5克，鱼露12克，味精10克

工艺流程

1 鱼肉用刀刮起肉蓉，放进绞肉机绞成鱼蓉泥，盛入木制盆中，加入精盐、味精，用手搅挞起胶，再加入鸡蛋白搅挞均匀。然后加入鱼露、清水，用力搅挞使之完全成为胶黏状，整个过程约15分钟，至鱼胶粘手不掉便成。

2 不锈钢锅或鼎盛水温约60℃的水然后用左手抓着鱼胶，右手抓着汤匙，再用左手挤出丸粒，右手用汤匙挖出丸粒，一边挤，一边挖，一边放进热清水中，挤至鱼胶全部完毕时，将鱼丸胚带水放在炉上开火。先用旺火煮至水温70~80℃时，转为小火，慢煮。至水将要滚开时，将鱼丸捞起。丸汤煮滚待用。食用时可重新把汤煮滚放鱼丸，加入生菜调味即可。

双烹粽球

名点故事

潮汕人称粽子为粽球。潮式粽球以四角形的双烹粽最为出名。粽球是传统的节日食俗，是端午节必备的祭祀食品之一，家家户户在这个节日都会制作粽球祭拜神明与先祖。

汕头有一家百年老店"老妈官粽球"，店内曾挂着一块牌匾，写着"食定正知"，意思是要仔细品尝后才能真正品尝出它的味道之好与独特。其实，这其中还有另一个含义，过去劳动人民下田干活，体力消耗大，喝稀粥、吃番薯并不顶饱，但吃粽球不一样，里面不止有耐消化的糯米，还包着肉跟豆沙，都是热量相对较高的食材。对于只有过节才在做粽球的人来说，在老妈官买上一个又大又顶饱的粽球，真是方便又实惠，久而久之"老妈官粽球，食定正知"就成了潮汕地区的一句口头俗语了。

烹调方法

煮法

○○ (原) (材) (料) ○○

主 料	竹叶50张，糯米2500克
副 料	咸草25条，肚肉300克，湿冬菇50克，虾米100克，乌豆沙200克，莲子250克，咸蛋黄10粒
调味料	鱼露10克，鸡精5克，芝麻油30克，胡椒粉10克，白砂糖500克，五香粉300克，淀粉50克，老抽30克

工艺流程

1 粽叶洗净后下锅用水油煮开飞水，除菌助韧。

2 糯米浸泡24小时后沥干水，炒干，拌入五香粉及调料。

3 猪肉切夹片，加调料腌制过夜后下锅煮至收汁，放凉切片待用。虾米和冬菇浸泡后爆香。莲子去芯后飞水待用。

4 乌豆沙分小粒待用。

5 白砂糖加水煮开，用老抽调色后勾芡成糖油待用。

风味特点

竹香清新，咸甜相宜

知识拓展

旧时的双烹粽球还需要用到甜糯米、猪网油（潮汕称网纱脖）包裹住乌豆沙，填料顺序为甜糯米、乌豆沙、猪肉、冬菇、咸蛋黄，最后才铺咸糯米。在不断改进中，现在的双烹粽球已简化了这一道工序，只需加入豆沙。口味选择也比以前丰富，有双烹、纯咸馅，有水晶馅，可满足人们不同的口味需求。

6　取粽叶抹干水分，两片合一成漏斗形，填入乌豆沙一粒，继而填入糯米、猪肉、冬菇、虾米、莲子、咸蛋黄，包紧呈金字塔形后用咸草拦腰绑紧。

7　成形粽球放入锅中煮60分钟后取出，上碟时去叶淋上糖油即可。

技术关键

1. 糯米一定要预先浸湿，炒干至米粒膨胀。
2. 包制时一定要包紧，否则煮制时会露馅。
3. 煮制时一定要注意时间，要煮熟。

墨斗鱼丸

名点故事

墨斗鱼丸是采用大花西（即大墨鱼）的肉，经绞制成泥胶，掺入辅料制成的鱼丸，有特殊的香味，是人们最喜爱的传统美食之一。

烹调方法

煮法

风味特点

色泽洁白，爽脆鲜香

技术关键

1. 鱼胶制作过程。
2. 墨斗鱼丸的成品火候控制。

知识拓展

也可制成墨斗卷。

。○ (原) (材) (料) ○。

主副料　大墨鱼肉400克，白肉丁100克，鸡蛋白2个，清水65克

调味料　精盐5克，鱼露12克，味精10克

工艺流程

1　大墨鱼肉切碎，放进绞肉机绞成鱼蓉，盛入木制盆中，加入白肉丁、精盐、味精，用手搅挞起胶，加入鸡蛋白，再搅挞均匀，然后加入鱼露、清水，用力搅挞并带拍，使之完全成为胶黏状，整个过程约15分钟，直至鱼胶粘手不掉便可。

2　不锈钢锅或鼎盛水温约60℃水，然后用左手抓着已拍好的鱼胶，右手抓汤匙，左手挤出丸粒，右手用汤匙挖出丸粒，一边挤，一边挖，一边放进热清水中，挤至鱼胶全部完毕时，将鱼丸胚带水放在炉上开火。先用旺火煮至水温70~80℃时，转为小火，慢煮。水将要滚开时，将鱼丸捞起。丸汤煮滚待用。食用时可重新把汤煮滚放墨斗鱼丸，加入紫菜调味即可。

达濠鱼册

名点故事

鱼册，用鱼肉泥抠刮成一片片"册子"的外皮，包上荤素配料，形状如占卜用的签筒，故鱼册又叫"鱼签"，相传与祭祀的民俗活动有关。鱼册制作技艺是达濠鱼丸制作技艺的延伸，在濠江一带传袭已久，并逐渐传播至潮汕沿海的城乡，成为潮汕一款风味小吃。

烹调方法

煮法

风味特点

鲜甜爽口

技术关键

要选毛刺少、肉质纤维较高、营养丰富的鱼。

○ ○ (原) (材) (料) ○ ○

| 主 料 | 淡甲鱼1000克 |

副 料 湿冬菇20克，鱿鱼条30克，红辣椒条10克，芹菜段10克

工艺流程

1 选取新鲜的淡甲鱼，洗净剔骨后刮出鱼肉，在砧板上拍打碾压成鱼蓉，盛于木盆内，加入适量的食盐、味精和淀粉，搅匀后摔打使鱼肉拍打出胶，直至揉拍成黏胶状。

2 鱼册皮的制作是将鱼糜放在砧板上，用刀蘸点淀粉，从鱼糜边抠在砧板上成薄薄的鱼片。

3 鱼泥片卷上荤素搭配的食材即成。

知识拓展

达濠的捕鱼人每逢出海之前，都要祈福求平安，供品以当地海产品为主，一款形状如"签筒"的鱼册便应运而生。民国初年，达濠人郑辫在镇内开小吃摊档。他制作的鱼册，鲜甜爽口，备受乡亲推崇。达濠郑辫鱼册制作技艺的第四代传人陈定一，将技艺进行改良，用速冻方法解决了产品的储存和运输问题，使外地朋友也能品尝到潮汕美味。

潮汕牛肉丸

名点故事

牛肉丸作为汕头乃至整个潮汕地区最知名、最大众化的特色传统小食，既可作点心，又可作为一道筵席汤菜。牛肉丸可分为牛肉丸、牛筋丸两种。牛肉丸肉质较为细嫩，质感嫩滑。牛筋丸是在牛肉里加进了一些嫩筋，质感方面增加了点嚼头。以前的牛肉丸都是人工手打的，由于全由人工操作，所以成本比机制的要高。20世纪80年代初出现打丸机后，手打的传统制作方式便日渐稀少。

烹调方法

煮法

∘∘ 原 材 料 ∘∘

主副料 新鲜牛腿肉1.5千克，肥猪肉150克，淀粉100克，方鱼末30克

调味料 味精15克，特级鱼露150克，沙茶辣椒酱50克，胡椒粉0.5克，芝麻油5克，芹菜末40克

工艺流程

1 牛腿肉用刀把筋去净后切成大片，放在大木砧板上，用两把特制的不锈钢锤刀上下不停地用力把牛肉捶成肉浆。然后先加入淀粉、鱼露、味精的一半，继续捶15分钟。随后用大钵盛装，加入切成细粒的肥肉和剩下的鱼露、淀粉、味精以及方鱼末，用手使劲搅挞至肉浆用手抓不会掉下为止。

2 用左手把牛肉浆抓至手掌心内，握紧拳把丸子从拇指和食指弯曲的缝中间挤出来，右手拿羹匙把丸子从手缝中挖出，随即放进盛着70℃温水的盆内。这个工序完成后，再用慢火煮丸，煮约10分钟，然后用笊篱把牛肉丸捞起。

3 食用时用原汤和牛肉丸下锅煮至初滚，加入芝麻油、胡椒粉，盛碗时再加入芹菜末即成。食用时配上沙茶辣椒酱佐食。

风味特点

丸表面光滑，柔脆有弹性，味道鲜美郁香

知识拓展

可制成牛肉饼或牛肉卷。

技术关键

1. 牛肉捶成肉浆时，动作要迅速均匀，捶约20分钟。
2. 制作牛肉丸时，注意水不能煮至大滚，否则会影响牛肉丸的爽滑和弹性。

猪肉丸粿条

名点故事

以前，猪肉丸粿条几乎是人们饥饿时最想吃到的食物，所以都说猪肉丸粿条是最不能遗忘的味道。

烹调方法

煮法

风味特点

清甜香滑，造型美观

技术关键

1. 猪肉酱用手推挞至肉酱起胶，能聚手不掉即可。
2. 猪肉丸制成品过程的火候控制。

知识拓展

可制成猪肉饼、猪肉卷等。

°·°  °·°

主副料 瘦肉1000克，肥肉100克，味精10克，方鱼末10克，精盐10克，鱼露50克，淀粉50克

调味料 粿条100克，芹菜粒50克，葱珠油50克，胡椒粉0.1克，猪肉丸汤，味精5克，鱼露10克

工艺流程

1 先将净瘦肉片成大片，放在专用木砧板上，用锤刀快速地捶成肉酱，加入淀粉、味精、鱼露、精盐，继续捶10分钟，取起，放入盆内。将肥肉切成细粒，后同方鱼末一起放进肉酱内，先搅拌均匀，然后用手推挞至肉酱起胶，能聚手不掉，待用。

2 左手握肉酱在掌心，利用中指以下的三个手指用力把肉酱从食指和拇指间挤出成丸子，右手执着汤匙把丸子挖出，随即放进盛着温水的盆内。挤毕后，将猪肉丸及温水倒入锅内，用慢火煮至水温达80℃时，捞起，即成猪肉丸。

3 食时，先把煮猪肉丸的原汤同猪肉丸一起煮滚，另用一个锅放入清水，煮滚，放进粿条煮热透，再用10个大碗，分别放进味精、鱼露、胡椒粉、葱珠油、芹菜粒在碗底，后把已煮熟的粿条捞干，放入碗内，用汤勺把底料翻起在面上，再将已煮好的猪肉丸连汤分成10份，分别盛入粿条碗内，即成猪肉丸粿条。

潮汕鱼饺

名点故事

潮汕鱼饺因其外形像饺子而得名。以潮汕沿海地区的鲜鱼肉、鲜虾肉为馅料，质感清鲜，备受欢迎。

烹调方法

煮法

风味特点

皮清爽滑，馅鲜香美

技术关键

1. 鱼肉用刀刮起净肉，剔去幼骨和筋，用刀背剁至成泥。
2. 淀粉装入网线布内扎紧，作垫底和压皮用。

知识拓展

由不同鱼类制成的馅料，风味各不相同。

◦○ 原 材 料 ○◦

主副料 鲜鱼肉400克，鲜虾肉75克，瘦肉200克，方鱼末25克，鸡蛋1个

调味料 味精10克，精盐8克，鱼露10克，胡椒粉0.1克，芝麻油2克，芹菜末10克

工艺流程

1 鱼肉用刀刮起净肉，剔去幼骨和筋，然后用刀背剁至成泥，再用刀薄薄地压过使之成蓉泥，放进木盆内，加入味精6克、精盐4克、鱼露5克，用手搅挞，再用猛力搅拍成鱼胶。然后放在案板上（用淀粉装入网线布内扎紧，作垫底和压皮用）用木棍压扁，再用滚辊碾成薄片，用刀切成三角形饺皮待用。

2 瘦肉用刀剁成肉蓉，鲜虾肉去虾肠洗净，用刀切成细粒待用。已剁成的肉蓉放入盆内，加入味精4克、精盐4克、鱼露5克一起搅挞，再加入虾肉粒、方鱼末、芹菜末、鸡蛋液、芝麻油、胡椒粉一起搅拌均匀便成馅料。

3 每张鱼蓉饺皮包上一份馅料，用一支竹筷子卷压成饺状，放在已扫好花生油的竹筛上排列好。食用时可煮汤加生菜或整筛蒸熟食用，也可蒸熟后加配料炒食。

鸭母捻

名点故事

鸭母捻类似北方的汤圆，始创于清代，潮州的胡荣泉便是以制作鸭母捻而闻名。旧时这种汤圆大如鸭蛋。这种汤圆煮熟时会浮于水面，上下翻滚，如白母鸭浮游于水面，故称为鸭母捻。

鸭母捻传统制作的要求严格。鸭母捻的馅有四样，即绿豆沙、红豆沙、芋泥、瓜册糖，传统卖鸭母捻每碗三粒，每粒的馅各不相同，为区分每粒馅的不同，在包的时候，不同馅的鸭母捻各留有记号。

烹调方法

煮法

风味特点

美味可口，口味清香，吃起来黏糯的感觉，醒胃不腻

∘ ∘ （原）（材）（料） ∘ ∘

皮料 糯米粉250克，清水约120克

馅料 雪耳30克，白果30克，熟花生碎100克，瓜丁碎30克，熟白芝麻10克，猪油10克，白砂糖50克

工艺流程

1 皮料制作
- 糯米粉加水混合成光滑的糯米面团，分成20克的剂子待用。

2 馅料制作
- 花生碎、瓜丁碎、白芝麻混合后加入猪油拌匀成馅料。
- 雪耳、白果、白砂糖煮成甜汤待用。

3 成形与成熟
- 剂子压扁包上馅料，搓成椭圆形生坯。
- 生坯放到清水中煮至漂浮即可捞出。
- 煮好的鸭母捻直接捞到糖水中，小火煮片刻后关火盛入碗中即成。

技术关键

1. 糖水中的糖不可放得过多，否则会太甜。
2. 花生与芝麻都必须是炒熟或烤熟的，生的花生和芝麻不香。
3. 鸭母捻馅料可以替换成豆沙或芋泥。
4. 副料可以替换成个人喜欢的甜汤食材。

知识拓展

鸭母捻实际上是一种包有馅料的甜汤圆，馅料通常以芋泥或绿豆沙、乌豆沙等为主料，加上芝麻、花生末、瓜册糖等作配料，过去吃上一碗正统的四式汤圆鸭母捻是难得的。20世纪50—60年代，汕头广州街口有一间老牌甜汤店桂昌园，其经营的甜汤以鸭母捻最负盛名。桂昌园的鸭母捻均包有2种馅料供客人选择，而一般人家或甜汤店制作此甜品，都只选用上述主料中的一种作馅料。

鸥汀朥粕粥

名点故事

在潮汕话里，朥是猪油的意思，朥粕就是猪油渣的意思。在潮汕，各家各户都喜欢自己炼猪油用来炒菜，而把猪肉炸成油渣来做菜在潮汕地区也不少。把朥粕做成粥，是汕头鸥汀的独创，至今已有一百多年的历史。

烹调方法

煮法

风味特点

汤鲜带辣，具有潮汕乡土风味

知识拓展

潮汕人称粥为糜，白米粥称白糜，混合其他食材的粥一律叫香粥，潮汕话叫攀糜，所以朥粕粥也叫朥粕糜。

∘○ (原)(材)(料) ○∘

主副料 朥粕500克，优质大米750克，豆腐干条100克，鲜蚝仔500克

调味料 鱼露50克，鸡粉10克，味精5克，辣椒油30克，芫荽30克，葱50克

工艺流程

1 猪油煎后压去油分的朥粕用温水浸泡软身，捞起待用。鲜蚝仔洗去微壳，漂洗干净捞起待用。芫荽和青葱分别洗净，切成粒待用。

2 大米用清水漂洗干净，用不锈钢锅盛着，加入清水120克，用猛火煮滚，滚至米刚熟时，把米饭捞起，粥汤留为另用。炒鼎洗净加入清水600克，放入已浸好的朥粕、鱼露、鸡粉、辣椒油一起煮滚，滚至朥粕纯软，倒入粥汤锅内，加入已炸好的豆腐干条、鲜蚝仔煮至滚时放进味精。另用大碗12个把已捞干的米饭分别盛入碗内，再把芫荽、葱放在米饭上，然后将已煮好的朥粕、蚝仔、豆腐干条连汤分别装入有米饭的大碗内搅匀即成。

技术关键

1. 朥粕炼制后一定要把多余油分榨干，一般可以提前一天制好。
2. 大米糜煮制过程中要不断搅拌，米粒要熟但不可开花。

蜜浸番薯

名点故事

番薯是潮汕地区特产，又名红薯，含有丰富的维生素和微量元素。将番薯雕刻成金元宝形状，寓意是金银财宝、富贵富裕。在举办筵席时，一般都喜欢上蜜浸番薯这道甜品。

烹调方法

煮法

风味特点

造型美观，甘香粉甜

技术关键

糖浆制成的过程。

知识拓展

也可制作蜜浸枇杷等。

原 材 料

主辅料 番薯1000克，清水250克，鲜橙4片
调味料 白砂糖500克，麦芽糖30克

工艺流程

1 番薯洗净，刨皮，刨至薯心为止。用刀切出10块，然后用尖刀将每块番薯中间雕刻成菊花状，放入已备好的清水中浸洗片刻，捞起，晾干水分待用。

2 不锈钢锅盛进清水，加入白砂糖、麦芽糖，用慢火加热，滚至糖全部溶化，继续熬，当熬至糖浆的温度不再升高，用筷子撩起可以看出有坠丝，糖浆起大泡时，则已达到饱和度，成为有一定黏稠度的糖胶，便可把切好的番薯和鲜橙片放进糖胶内。当糖胶温度降低时，水分自然增多，必须用猛火再熬3分钟，使糖浆升温，保持饱和状态。这时番薯受糖浆热量所迫，本身的水分被泌出，形成水蒸气，使每件番薯表面逐步形成带有胶黏度的硃糖表皮。这时可用慢火熬7分钟，使番薯逐步受热至完全熟透即可逐件捞起，盛摆在餐盘上即成。

煎殿鱼烙

名点故事

殿鱼是潮汕地区盛产的海鲜，其鱼骨比较软，入口没有骨感，鲜肉较清。潮汕地区叫殿鱼或豆腐鱼，汕尾市叫仙鱼，都是根据对鱼骨的感觉来命名的。

烹调方法

煎（烙）法

风味特点

柔软带稠度，鲜嫩带香酥

知识拓展

可制作殿鱼夹。

○ ○ 原 材 料 ○ ○

主副料　殿鱼500克，蒜蓉50克

调味料　淀粉150克，鱼露25克，味精7.5克，胡椒粉0.1克，芝麻油1克

工艺流程

1　殿鱼去头和肠肚，洗净放进雪柜冷冻，待鱼身稍硬时取出用刀起掉鱼骨，每条切成2~3段装入大碗，然后加入鱼露、淀粉、味精、胡椒粉、芝麻油拌匀待用。

2　鼎烧热，加入少量花生油，将殿鱼段倒入鼎内，抹平用中火煎，煎至一面稍硬脆时翻转另一面再煎，煎至稍硬脆、熟透时装入盘中。蒜蓉倒入鼎内炒至有香味，倒在殿鱼烙的面上即成。

技术关键

1.　殿鱼去头和肠肚，洗净放进雪柜冷冻，取出稍硬的鱼骨。

2.　把握煎的火候。

达濠焖饭

名点故事

很久以前，潮汕地区就有立冬吃焖饭的食俗，现在焖饭已成为达濠街上常见的一道主食。焖饭在潮汕地区因习俗不同有不同的焖料，但是必须用肉、板栗、花生米、冬菇、鲜虾、虾米、芹菜、葱、鲜蒜等。由于达濠港盛产鲜海鱼，因此在焖饭时除了选用以上主料、辅料和调味料外，还增加了如沙鱼肉等无骨刺的鲜鱼肉，更能突出其海港特色风味。

烹调方法

煮法

风味特点

质感浓郁，味道鲜香

知识拓展

焖饭的辅料可以选其他的，如焖薯仔饭、焖鲨鱼饭等。

原材料

主副料 优质大米2000克，清水2000克，瘦肉（切丁）200克，肥肉（切丁）100克，鲜沙鱼肉（切丁）200克，板栗200克，花生米（炸熟）150克，湿冬菇25克，虾米20克，鲜蒜100克，芹菜50克

调味料 鱼露50克，胡椒粉2克，芝麻油10克，味精100克

工艺流程

1 大米洗净、捞干，加入清水一起在大鼎中蒸成熟饭待用。

2 沙鱼肉丁、瘦肉丁和肥肉丁分别炒熟待用，板栗炒香。

3 所有的肉、鱼、花生米、板栗、虾米、冬菇等投入大鼎饭中，并加入芹菜、蒜和调味料，用慢火搅拌均匀即成达濠焖饭。

技术关键

1. 蒸饭时要掌握火候，熟饭不能过硬和过烂，否则会影响质量。

2. 烩饭时手法要轻巧，不能搅拌得太快，否则使其他原料分不清。

三、潮式地方风味点心

老菜脯粥

名点故事

粥在潮州话中叫"糜"，这在中国许多古籍中都有所记载，如先秦时代，辞书《尔雅·释言》便有这样的解释："粥，糜也。"东汉许慎的《说文解字》也提到："黄帝初教作糜。"可见，被潮汕人称为"糜"的粥历史之悠久，几乎可以说，从古到今，潮汕人都有喜欢吃粥的习惯。现在在潮汕大街小巷随处可见到摆卖各式的砂锅粥小摊档。

烹调方法

煮法

风味特点

质感香滑，气味独特

知识拓展

老菜脯为陈年的菜脯。无干贝时可用鱿鱼丝。

原材料

主副料 珍珠米300克，老菜脯40克，发好干贝10克，瘦肉50克，猪油20克

调味料 老抽5克，清水1000克，精盐10克，芹菜珠10克，胡椒粉5克，味精10克

工艺流程

1 珍珠米洗净泌干，老菜脯剁碎，瘦肉同样剁碎，发好干贝碾碎待用。

2 取砂锅下清水、珍珠米用旺火烧，水沸后用勺搅动，下猪油、老抽，煮至米粒刚熟，下瘦肉碎、老菜脯碎、干贝碎，搅匀煮片刻，出锅前加芹菜珠、精盐、味精、胡椒粉，注意咸淡便成。

技术关键

煮时要用勺搅动，以免粘锅底，瘦肉碎要用水开散，以免结团。

　　广东省"粤菜师傅"工程系列培训教材在广东省人力资源和社会保障厅的指导下,由广东省职业技术教研室牵头组织编写。该系列教材在编写过程中得到广东省人力资源和社会保障厅办公室、宣传处、财务处、职业能力建设处、技工教育管理处、异地务工人员工作与失业保险处、省职业技能鉴定服务指导中心、职业训练局和广东烹饪协会的高度重视和大力支持。

　　《潮式风味点心制作工艺》教材由广东省粤东技师学院牵头组织编写。该教材以"实用性""乡土性"为原则,不仅收录了潮式风味点心中用"蒸(炊)、煎(烙)、炒、油浸、炸(浮)、焗"等常见烹调技法制作的特色点心;还注重"特色性",涵盖了汕头、潮州、揭阳、汕尾四市不同的风味点心。点心类别齐全,包括了水产类、家禽类、家畜类、蔬果类等品种,全书点心品种达100个,具有较强的实用性,对推动粤菜文化发展和粤菜师傅培训起到了积极作用。该教材不仅可作为开展"粤菜师傅"短期培训和全日制粤菜烹饪专业中《潮式点心》实训课程配套教材,同时可作为宣传粤菜的科普教材使用。

　　教材在编写过程中,得到汕头市南粤潮菜餐饮服务职业技能培训学校配合,并得到广东烹饪协会潮菜专委会、汕头市餐饮业协会、潮州市烹调协会、饶平海胜茗苑及潮汕各地乡厨支持与协助;同时得到广东科技出版社钟洁玲、汕头市吴仁忠等专家学者及餐饮企业家的大力支持,在此一并表示衷心的感谢!

《潮式风味点心制作工艺》编写委员会

2019年8月